科学全知道系列

生命探险队，转动时间圆盘

[韩]尹素瑛◎著
[韩]金宣培◎绘
千太阳◎译

吉林科学技术出版社

来认识一下生命探险队

在我居住的村子里，有一段铁轨，顺着铁轨有一排堤坝。12年前，我们全家搬到了这个山清水秀的小村庄，那个时候，堤坝上只稀稀疏疏地长着几棵小松树。

那些幼小的树苗，什么时候长这么大了呢？时间过得好快，转眼之间，当年的小松树已经长成大树了，可以遮挡炎热的太阳，为大地洒下一片清凉的树荫，还为小鸟提供一小块栖息之地。走在堤坝边的小路上，看着这十几年间的变化，我不禁感叹，世界就是如此，时间总是永不停息地向前流淌着，在不知不觉中，周围的一切都在悄悄地发生着变化。承载着所有生命的地球，关于它的诞生要追溯到很久很久以前，从那时候开始一直到现在，无论是地球，还是地球上的生命都发生了翻天覆地的变化。那么现在，我们将与苏利、雅玛和托特一同进行一次生命探险旅程。相信当这次旅行结束的时候，大家或多或少也会有所变化。下面介绍一下本书的主人公——伟大的生命探险队成员。

爸爸　兽医，在非洲的动物保护区工作。

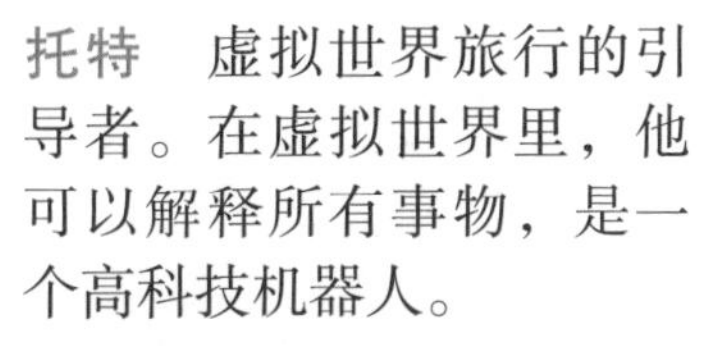

托特　虚拟世界旅行的引导者。在虚拟世界里，他可以解释所有事物，是一个高科技机器人。

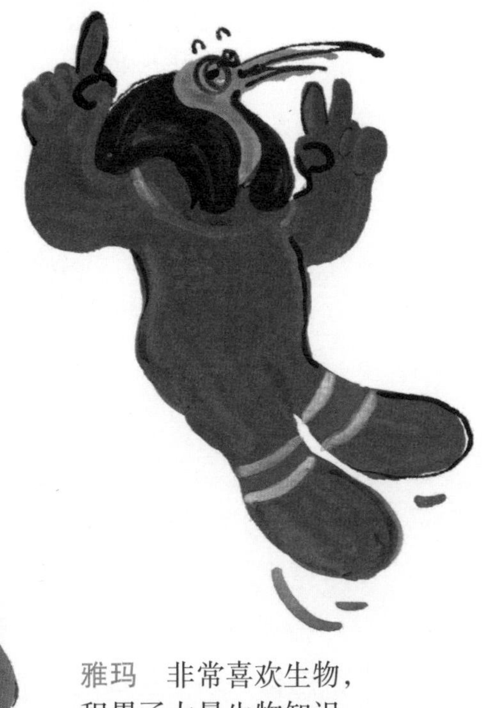

妈妈　虚拟世界程序设计师。

苏利　一个很爱提问题的孩子。特别有爱心，偶尔也会做出荒唐的事情来。遇到自己喜欢的事，便会全神贯注。

雅玛　非常喜欢生物，积累了大量生物知识。平时不是很喜欢说话，但她的内心是非常热情的。常常语出惊人，性格认真、严谨。

目 录

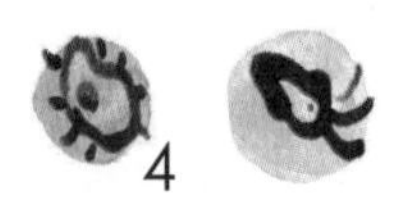

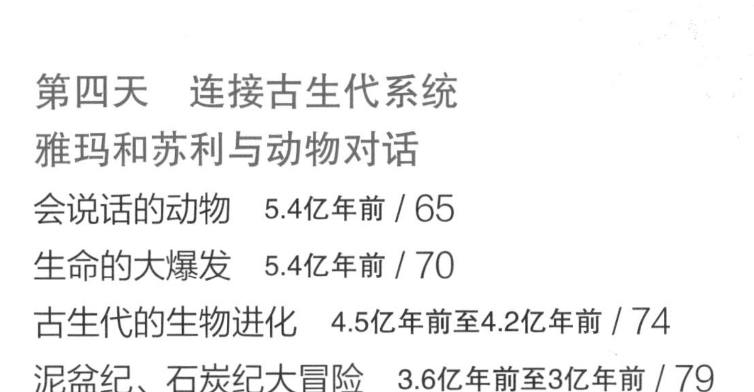

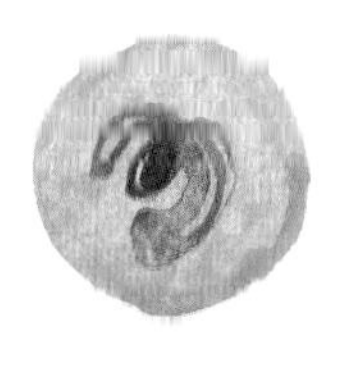

虚拟世界程序设计完成

清晨，小鸟清脆的歌声飘进房间里。

做好起床准备的苏利，乖乖地接过了自动衣橱为他配好的衣服，衣扣上反射的绿光看起来特别舒服。

苏利：“这个颜色我喜欢，呵呵，今天一定会有好事等着我。”

妈妈的房间还很安静，估计昨晚她又加班到很晚，现在还没起床。

厨房里已经准备好了昨晚预定的食物。

突然，苏利从椅子上跳了起来，原来是妈妈正向他走来，吓了他一跳。

苏利：“咦？工作忙完了吗？”

妈妈：“差不多了！”

妈妈看出苏利失望的表情，便说：“我需要你的帮忙。”

苏利的眼睛瞪得溜圆问：“帮什么忙？”

妈妈：“就是我现在做的事啊。”

苏利：“你不是正在设计一个可以到过去旅行的虚拟世界程序吗？”

妈妈：“是啊，就像坐在时间飞船上一边旅行一边了解生命的历史一样。”

苏利：“如果是那样的话……妈妈！”苏利突然大叫起来，好像突然想到了什么。

妈妈：“就像你所想的那样，既然程序已经基本完成了，那我们就尝试一下吧！”

苏利：“妈妈，谢谢你。”苏利猛地站起来，在妈妈的脸上亲了一下。

妈妈：“呵呵，我就知道你会高兴的。从明天开始，你需要花上几天的时间与妈妈同事的女儿雅玛一起探险，简单地说，就是各自在自己的家里进入虚拟世界，然后大家在虚拟世界会合。”

苏利：“啊，为什么要等到明天呢？”苏利的心已经兴奋得扑腾扑腾地跳个不停了。

接触太阳系，地球诞生

雅玛和苏利目睹开天辟地的瞬间

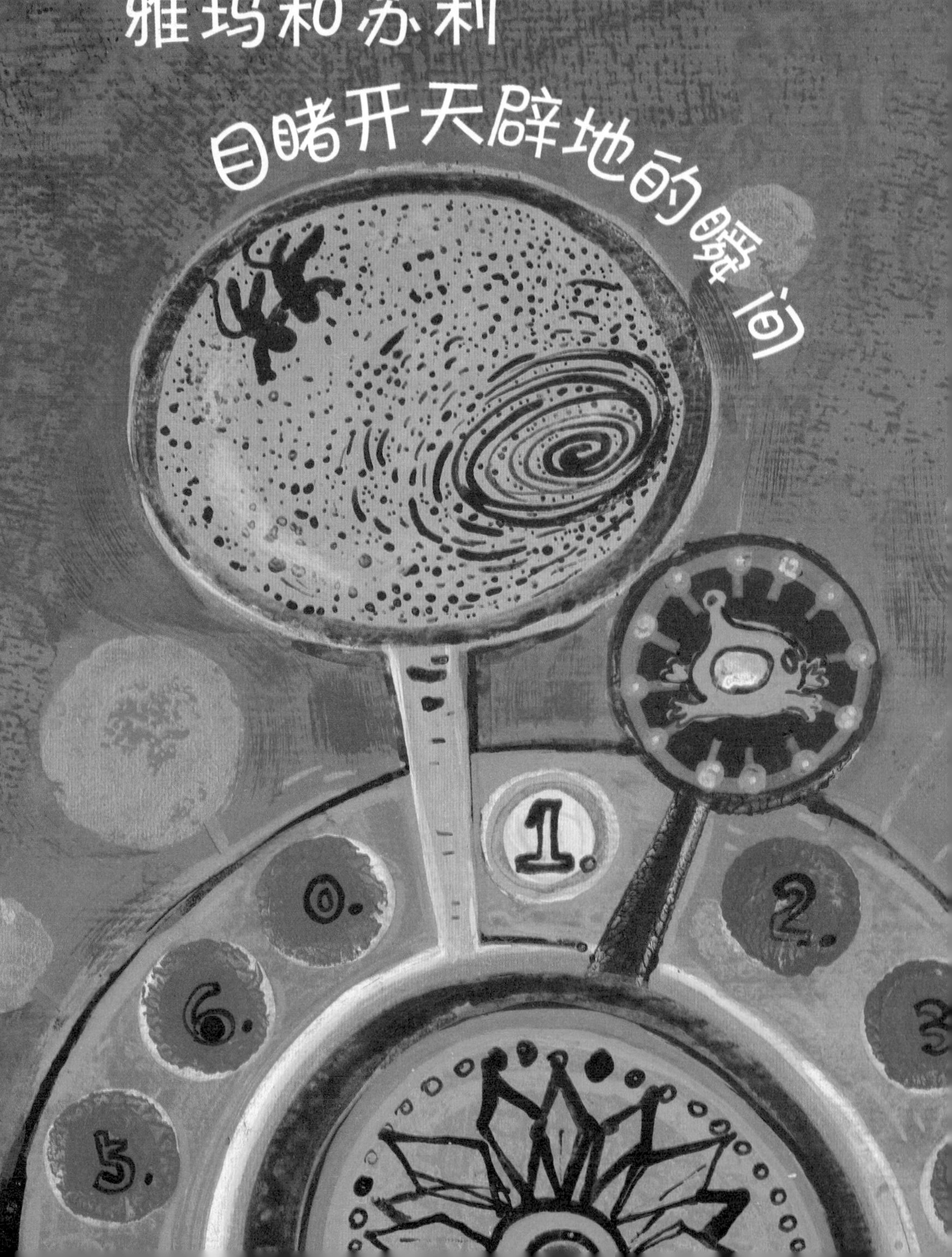

遇见托特

昨晚，苏利躺在床上，千奇百怪的想法仍然一个接一个地在他的脑海里浮现，最后好不容易才睡着。

今天早上，苏利走进了妈妈的工作室，工作室里配有虚拟世界连接设备。

妈妈："不用紧张，雅玛和托特都在。"

苏利："托特又是谁呀？"

妈妈："是位老师。"

苏利："是学校里的老师吗？"

妈妈："那倒不是，是程序里的老师。"

苏利："程序里的老师？"

妈妈："他会把你们带到你们想去的时间，

想去的地方，也会回答你们想知道的问题，而且还会再把你们带回现实中来。”

苏利：“哇，真的好神奇呀。”

妈妈：“好了，时间到了，不能让雅玛久等呀。”

苏利：“我要从哪儿出发呢？”

妈妈：“你们会进入一个像宇宙飞船一样的时间穿梭机里，在那里设置想去的时间和地点就可以。”

苏利：“那要和雅玛商量一下再做决定了。”

妈妈：“可以。不过要随着时间顺序走一遍。”

苏利进入了虚拟世界连接设备里。他有点儿紧张，听到了自己扑通扑通的心跳声。

“不用担心，不管什么时候，去什么地方都会很安全。”妈妈紧紧地握了下苏利的手，安慰地说道。

雅玛已经在那里等他了，苏利先开口问好：“你好，我叫苏利，我是不是有点儿来晚了？”

“没有啊，是我提前到达的，不要介意，我叫雅玛。”

苏利：“不过怎么不见托特呢，难道还没到吗？”

雅玛：“不是的，听说托特现在就在某个地方，连续叫两次他的名字，他就会立刻出现。”

1 2 3 4 5 6

苏利：“嗯？我妈妈没跟我提这事啊，哎，看来她忘记了，那我们现在就开始叫托特吧。”

苏利、雅玛：“托特，托特！”

话音刚落，托特就出现在眼前。

托特：“你是苏利，你是雅玛吧，很高兴见到你们。”他的声音略微有点儿高，不过听起来还算不错。

苏利：“是的，您好。”

雅玛：“您好。”

苏利和雅玛的声音微微颤抖着。

托特：“别太拘束了，把我当朋友就可以了。还有，

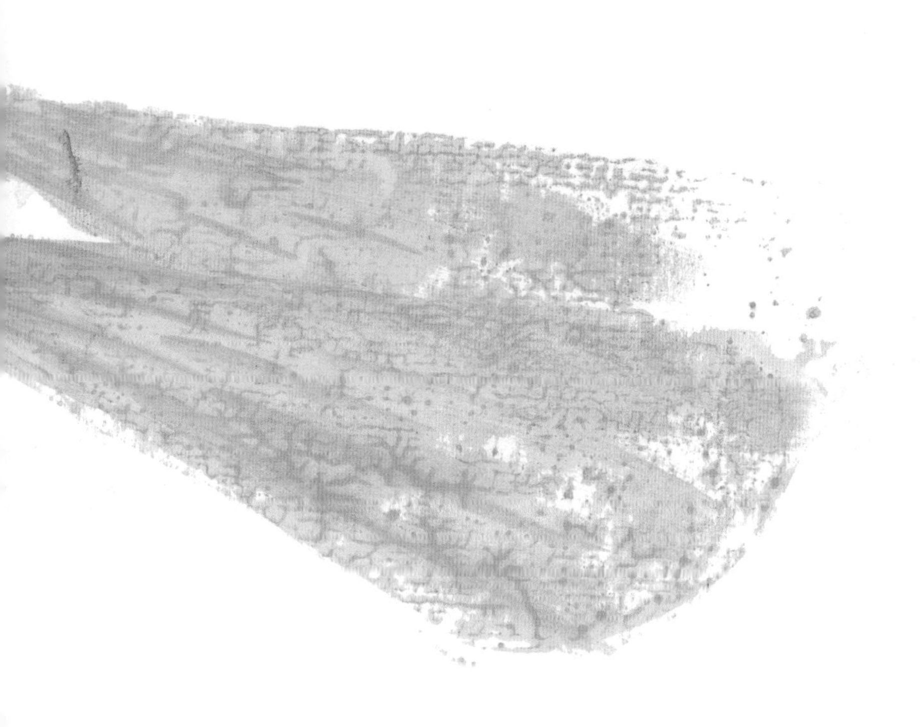

我不会一直跟着你们，不过只要你们叫我，我会随时随地出现，不用担心。”托特温和的话语让苏利放下心来。

苏利：“我们想按时间顺序旅行，要从哪儿出发呢？”

托特：“这个程序可以从50亿年前一直旅行到现在。”

雅玛接过话茬儿说：“那我们现在就回到50亿年前吗？”

托特：“是的，敬请期待吧。”

在云彩里诞生的太阳

50亿年前

托特静静地看了一眼时间移动控制盘，这时控制盘自己动了一下，以1亿年为单位的控制盘慢慢转了起来。苏利和雅玛感觉身体突然飘到了半空，并开始旋转。窗外有束光在幽幽地晃动着。这时，托特解释道：“是不是感觉胃有点儿难受啊？时间移动的速度非常快时，就会有这种感觉。时间移动很慢的时候就感觉不到了，不过像现在这样，以1亿年为单位移动的时候，身体的感觉就会很明显。放心吧，你们的身体都安然无恙，哈哈。”

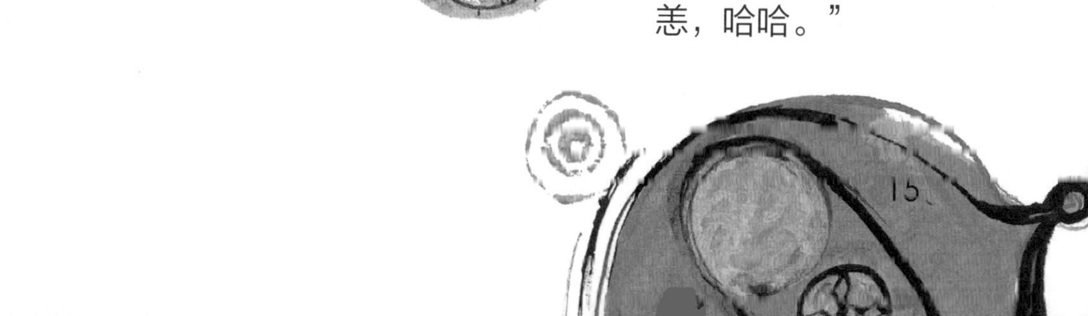

苏利：“哇，真的感觉像是在时间里穿行哦。”

一边想着这些，一边侧头看了下旁边，雅玛煞白的脸映入了苏利的眼帘。苏利想自己的脸色也应该和雅玛的脸色差不多吧。也许是因为胃不舒服，苏利觉得时间过得特别漫长，过了很长一段时间，眩晕的感觉渐渐消失了。

托特：“孩子们，现在到达50亿年前的太阳系了。”

苏利和雅玛看了看窗外，两个人的脸上立刻浮现出了疑惑的神情。

“托特，怎么没有地球啊？”听了苏利的话，雅玛也问：“是啊，怎么看不到太阳啊？”

托特：“地球还没有诞生呢，当然看不见了。50亿年前是地球刚要诞生的时候。”

苏利：“那就不能在地球上着陆了。”

雅玛：“也不能到外面去了。”

两个人好像很失望的样子。

“可以出去，照着宇航员们的做法去做就可以了。”

托特的话让苏利和雅玛的眼睛一亮。

苏利和雅玛穿宇航服的时候，托特解释说：“太阳是散布在宇宙空间的气体和尘埃受到冲击而聚向同一个地方渐渐形成的。像旋涡一样旋转的巨大星云，体积渐渐变

小，那么，中间就会受到很大的力。这种力使星云渐渐升温发热，继而发出光来，星星就是这样诞生的。”

苏利：“不是一直在讲太阳吗？怎么又突然说到星星了？”

托特：“太阳也是星星，只是因为离我们地球很近，所以看起来很大很明亮而已。”

对于托特的话，雅玛非常赞同。

雅玛：“是的，据说如果近距离地观看夜空，夜空中的星星也会像太阳一样又大又明亮。”

“有很大、很明亮的，也有稍微小一点儿的，不那么明亮的。不过星星终究是星星。”托特补充道。

雅玛和苏利走出了时间穿梭机，两个孩子的身体漂浮在宇宙空间里。他们又感到一阵恶心。第一次体验宇宙游泳，有点儿紧张不安的苏利和雅玛不约而同地握紧了双手。宇宙空间中散布着气体、尘埃和星云。

“苏利，快看那儿！刚才托特告诉我们的就是那个东西，我们现在正在目睹太阳在巨大气体与尘埃云团里诞生的场面。”雅玛大叫道。

苏利顺着雅玛指的方向望过去，旋涡模样的巨大气体和云团进入了视线。它的中心部位正放射着光芒。

苏利和雅玛望着眼前原始太阳的壮观景象，惊讶得目瞪口呆。

不知过了多久，苏利开口说："我听说，地球上所有生物的能量都是太阳提供的。"

雅玛："太阳竟然是这样诞生的！真是不可思议啊！"

过了一会儿，苏利和雅玛又回到了时间穿梭机，在里面等候的托特问道："怎么样，感想如何？"

苏利："太阳竟然是在气体和云团里诞生的，真是太神奇了！"

庆祝地球诞生的烟火

50亿年前至46亿年前

托特："现在我们再去看看地球是如何诞生的，怎么样?"

托特的话让苏利和雅玛的情绪一下子高涨起来。

托特："太阳系中心的巨大气团变成了太阳，但是离太阳稍远的气体、尘埃和星云保持原样，留在了太阳周围。"

苏利："那地球不会就是在那里诞生的吧？"

托特："真聪明，看窗外，这里就是地球要诞生的地方。"

苏利："什么都没有啊，只是散布着一些尘埃而已啊。"苏利瞪大眼睛说道。

托特：“太阳形成后剩下的气体和尘埃聚集到一起变成了小石子，小石子聚集在一起变成了大石头，这些大石头又聚在一起变成了岩石，然后这些岩石又聚集在一起就变成了地球。”

苏利：“不会吧……”

托特：“当然，这个过程非常漫长，绝对不是一夜之间就能形成的。”

苏利眨着好奇的眼睛问托特：“那么怎样才能亲眼看见地球的诞生呢？”

托特没有马上回答，他凝视着时间移动控制盘，控制盘重新运转起来，不过这次运转的是以百万年为单位的控制盘。这次身体稍微有点儿轻飘飘的感觉，不过比起第一次好多了。这个程度还可以接受。

过了一会儿，托特说：“孩子们，快看看窗外。”

听到托特的话，两个孩子都把目光投向了窗外。

就在那个瞬间，只听“咣”的一声，时间穿梭机晃了一下。

“啊！发生了什么事？”雅玛惊慌地问。

苏利则被吓得呆若木鸡。不过，托特的表情倒是很淡定，一点儿都不惊讶，好像早就预料到会发生这一切似的。

托特：“现在窗外正在上演的是地球诞生的过程。”

雅玛和苏利靠在窗户边上，目不转睛地向外望着，四周传来“咣咣”的恐怖的爆炸声。

看到雅玛和苏利紧张地蜷缩着身子，托特安慰他们说：“孩子们，别紧张，现在很安全。”

苏利、雅玛：“哇！”

巨大的石块在四处撞击。每一次碰撞，都会放射出像爆竹爆炸时的耀眼光芒，同时还伴有雷鸣般的响声。互相碰撞的石头，有时会飞溅出去，有时又聚集在一起，聚集在一起的石头就会慢慢变大，形成巨大的岩石，同时大岩石又吸引着小石子，慢慢地变得越来越大。

托特：“我把时间控制盘再调快一点儿吧。”

这下，巨大岩石变大的速度更快了，到处都不停地闪烁着火花。地球诞生的过程就这样像放电影一样展现在眼前。

雅玛：“好像是为了庆祝地球诞生放烟火一样。”

苏利：“嗯，真是个很恰当的比喻！”

苏利的称赞让雅玛有点儿不好意思了，她的脸都羞红了。

托特：“好了，今天的旅行就要结束了。”

虽然和雅玛在一起的时间只有几个小时而已，不过在这次时间旅行的过程中，苏利感觉彼此亲近了不少。

苏利：“今天过得真开心。”

雅玛：“我也是，明天再见吧。托特再见！”

第二天　大地、大气、大海的形成

雅玛和苏利

发现原始生命诞生的秘密

2.

1.

3.

0.

6.

沸腾的地球表面
46亿年前

苏利：“今天应该能登陆地球了吧！”

苏利非常好奇，刚刚诞生的地球到底是什么样子呢？苏利率先到达了时间穿梭机，等了一会儿，雅玛也现身了。

“嘿，昨晚睡得好吗？”苏利热情地向她问候。

雅玛：“别提了，整晚都在做梦。你呢？”

苏利：“我虽然睡得有点儿晚，不过睡眠质量还是不错的。昨晚一直跟妈妈聊天，讲了许多关于时间旅行的事儿，直到妈妈喊‘停！’我才闭上嘴准备睡觉。”

雅玛：“快点把托特叫出来吧！”

苏利：“好，托特，托特！”

托特：“你们好，孩子们。”

苏利："托特，我们快点儿去地球吧。"

苏利和雅玛强忍着眩晕的感觉到达了46亿年前的太阳系。不过很奇怪，这次托特没有让时间穿梭机着陆。

"托特，快点儿在地球登陆啊。"苏利有点儿着急了。

托特："先别急，看看窗外吧。"

雅玛和苏利靠到了窗口。

苏利："哎呀，地球怎么这个样子啊？"

展现在苏利和雅玛眼前的不是他们所想象的地球，既没有陆地也没有大海，只有球状的天体在发着红光。

托特：“那是熔岩，刚出生的地球被熔岩覆盖着。”

托特的解释让苏利惊讶不已。

雅玛：“熔岩，就是火山爆发时流出来的红色液体吗？”

托特：“没错，就是那种熔岩，不过，只有在高温

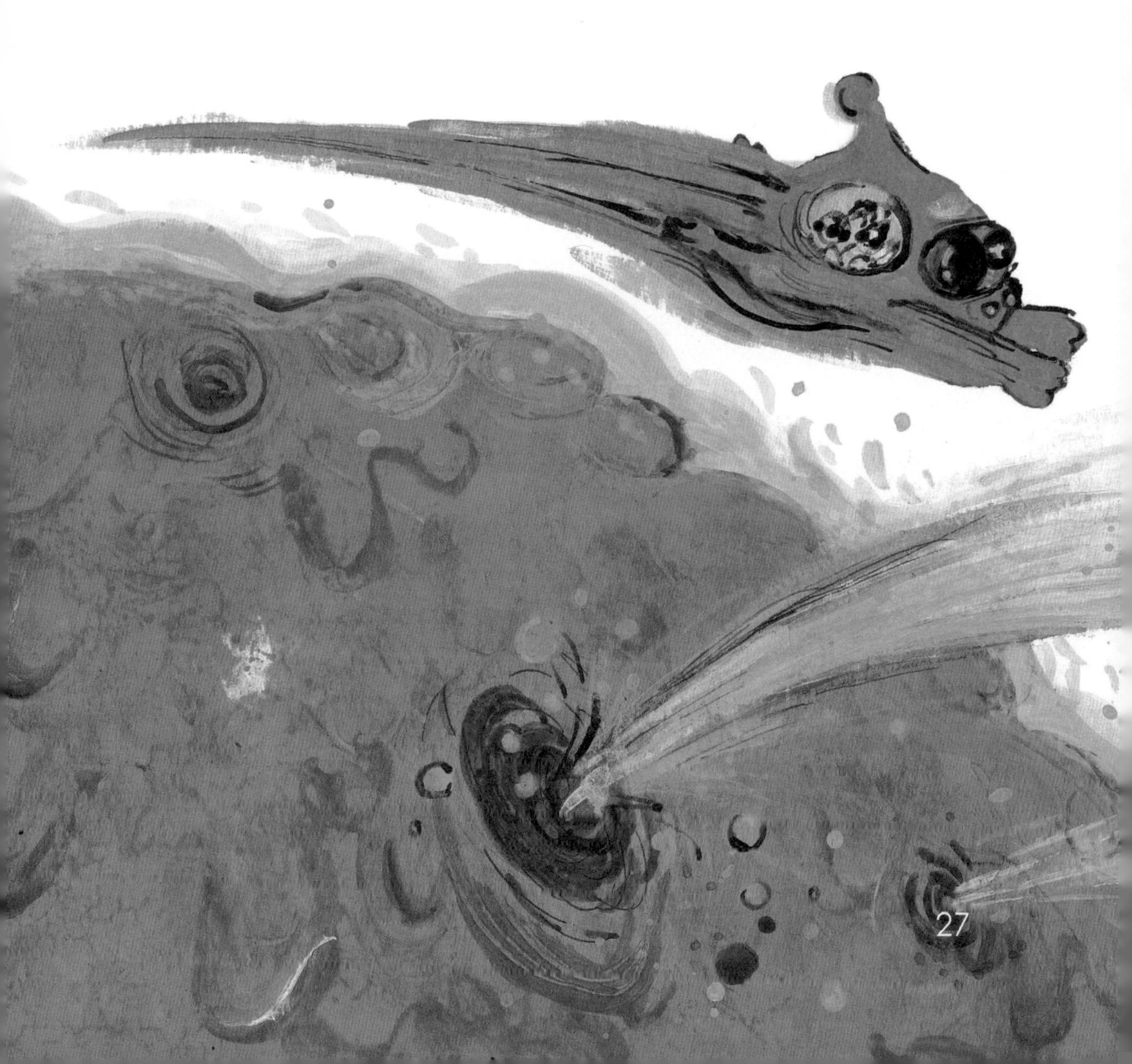

下，岩石才能熔化成熔岩，地球被岩浆覆盖着。”

“没有任何一种生物可以在这种高温的红海里生存。”雅玛自言自语着。

苏利想象着如果现在走到地球上会多么恐怖，不禁打了个寒战。这时，托特开口了：“刚刚形成的地球被滚滚熔岩覆盖着，没有任何一种生物可以存活。看到那边那块掉下来的陨石了吗？每一次巨大陨石落下来的时候，都会释放出巨大的热量。现在地球上正不停地下着大大小小的陨石雨。”

苏利：“难道我们就不能在地球上踩上一脚再回去吗？”

托特似乎明白苏利的想法，说：“是啊，总不能就这样回去呀。我再调一下时间。”

托特凝视着时间控制盘，时间正在窗外流动着，原始地球上落下了数不清的陨石，就这样地球变得越来越大了。

苏利：“啊，快看那儿！”

熔岩之海的表面上有一层紫褐色的表层正在形成。

苏利：“熔岩开始冷却了。”

紫褐色的表层裂开又合上，渐渐变厚。破裂的地方，会有红色的熔岩沸腾着。苏利说道：“这真是太壮观了！”

“我觉得这个场景是在展示地球诞生的能量。”雅玛补充说。

时间继续流逝着，地壳渐渐变得厚起来。最后，地球表面完全被地壳覆盖了。托特做好着陆的准备说：“孩子们，穿上宇航服吧。”

生命的摇篮——海洋

40亿年前

托特告诉即将登陆地球的雅玛和苏利："现在，地球的大气中没有呼吸所必需的氧气，必须要带上氧气瓶。"苏利和雅玛按照托特的指令穿上了宇航服，背上氧气瓶，走出了时间穿梭机。

这时的地球，真是一片荒凉。即使穿着宇航服，也可以感受到外面的热度。不知道走了多久，他们突然有一种很奇怪的感觉，脚底下好像在震动，说时迟那时快，瞬间就开始地动山摇起来，人站在上面就像是在跳舞一样，根本站不稳。

苏利："啊！"

苏利尽力保持清醒，大喊起来："托特，托特！"

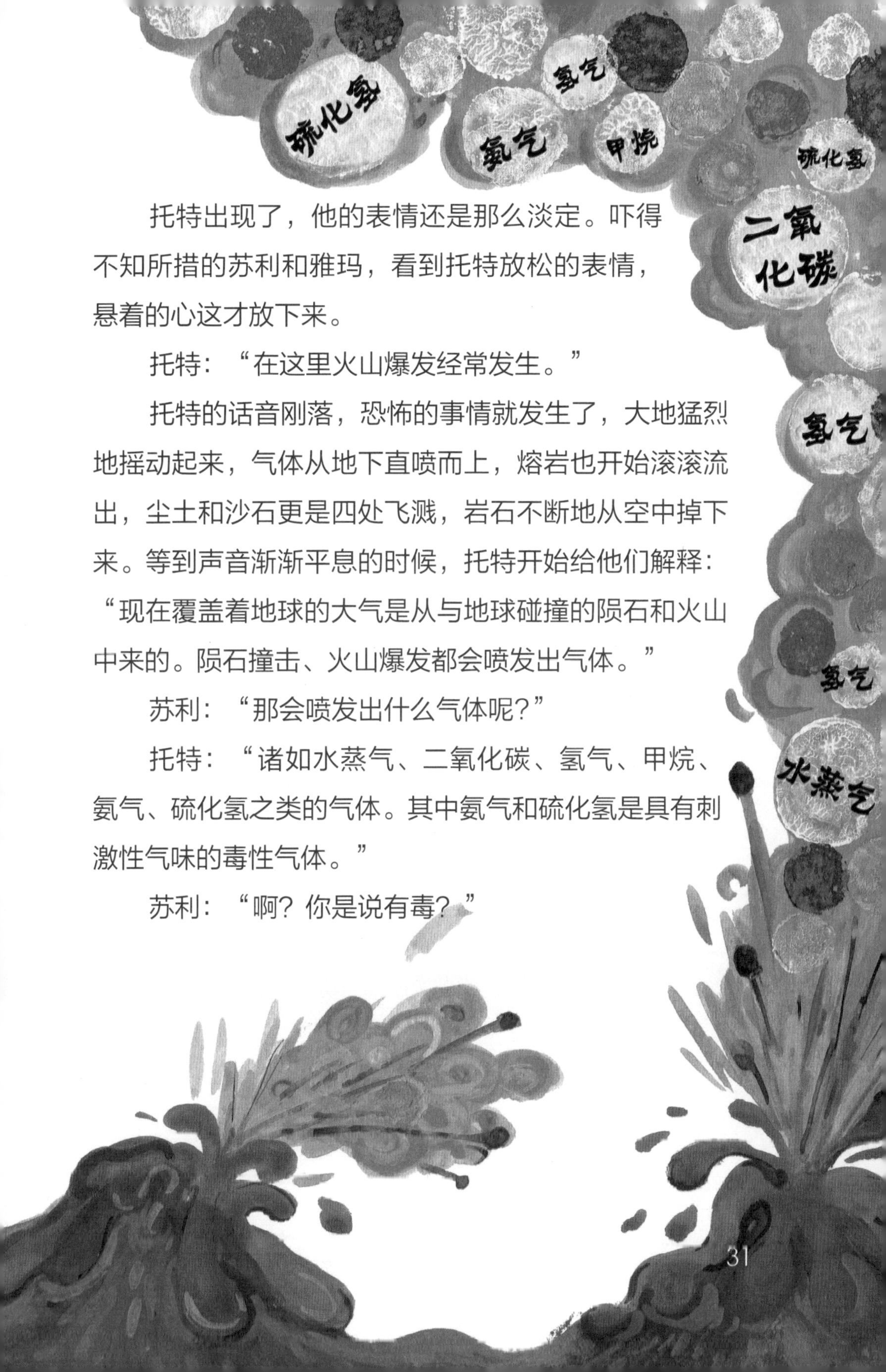

托特出现了，他的表情还是那么淡定。吓得不知所措的苏利和雅玛，看到托特放松的表情，悬着的心这才放下来。

托特："在这里火山爆发经常发生。"

托特的话音刚落，恐怖的事情就发生了，大地猛烈地摇动起来，气体从地下直喷而上，熔岩也开始滚滚流出，尘土和沙石更是四处飞溅，岩石不断地从空中掉下来。等到声音渐渐平息的时候，托特开始给他们解释："现在覆盖着地球的大气是从与地球碰撞的陨石和火山中来的。陨石撞击、火山爆发都会喷发出气体。"

苏利："那会喷发出什么气体呢？"

托特："诸如水蒸气、二氧化碳、氢气、甲烷、氨气、硫化氢之类的气体。其中氨气和硫化氢是具有刺激性气味的毒性气体。"

苏利："啊？你是说有毒？"

托特：“陨石和火山所喷发出的这些气体都是将来孕育地球的原材料。”

雅玛：“怎么可能呢？”

托特：“关于这个问题的答案，等到了时间穿梭机里，我再给你们讲吧。”

苏利和雅玛晃晃悠悠地进了时间穿梭机，托特已经在里面等着了。

托特：“来吧，再让时间流逝得快一些吧。”

时间又在窗外流逝着。到处都在掉落着陨石，火山也在不断喷发着，就好像有数不清的炮弹落在地球上。每当火山爆发的时候，干裂的地表都会有红色的岩浆像河水一样流淌着。

天渐渐漆黑，雨点开始稀稀疏疏地落在地上。这时，托特说道：“现在大气中有很多水蒸气，气温一下降，水蒸气就会变成水滴。水蒸气就是随着地球的渐渐冷却而变成水滴，进而形成乌云的。”

刚开始雨点还很小，没过多久，天空就好像漏了底儿一样，暴雨倾盆而下。轰隆隆地，闪电不停地划过天际，雷声也震耳欲聋。

雅玛："再这样下去会发洪水的。"

暴雨丝毫没有停止的迹象，雅玛和苏利跑到了窗户前。

在黑暗中可以依稀看到的只有水，好像这个世界上只有水存在一样。

托特："我来制造点儿光明吧。"

托特打开了前照灯，瞬间就有一束光直直地照射了出去。雨水倾盆而下，世界已是一片汪洋了。

苏利："大海，是大海！"

托特："对，地球上终于出现大海了。雨下了200百万年，水向低处流便形成了海洋，而高处就成了大陆。我们现在正飘在原始海洋的上空，也就是诞生生命的地方。"

雅玛："怎么这么复杂啊！让我理一下思绪。大地孕育了大气，大气孕育了大海，是这么回事吧？哇，真的太不可思议了。"

托特的告白
38亿年前

渐渐地，雨停了，太阳照亮了天空。好久没有看到太阳，苏利和雅玛的脸上不由得浮现出了笑容。

托特："现在，让我们潜入大海里去看看吧。"

时间穿梭机开始沉入海底。没有任何生命的大海显得格外阴森恐怖。过了一会儿，海底变得一片漆黑，已经到达阳光照射不到的深度了。托特打开了前照灯，时间穿梭机终于抵达了海洋底部。

这次又是性情急躁的苏利先开了口："这里什么都没有啊，为什么要来到这么深的地方呢？"

托特："看那边！"

苏利吓了一大跳。借着模糊的灯光，他看到了很多黑烟。

苏利："哎呀，就像看到了以前的工业区。是不是真的啊？雅玛，你掐一下我的胳膊吧。”

雅玛强忍住笑，掐了一下苏利的胳膊。

苏利：“哎呀，原来不是在做梦啊。海底怎么可能会有黑乎乎的烟呢。”

雅玛：“是啊，不是在做梦，只是虚拟的世界。”

雅玛觉得苏利真是个非常有趣的孩子。

托特好像对雅玛和苏利的反应很满意。

托特：“就知道你们会这么吃惊。那边冒出来的黑乎乎的东西不是烟而是热水，它的温度超过300摄氏度。”

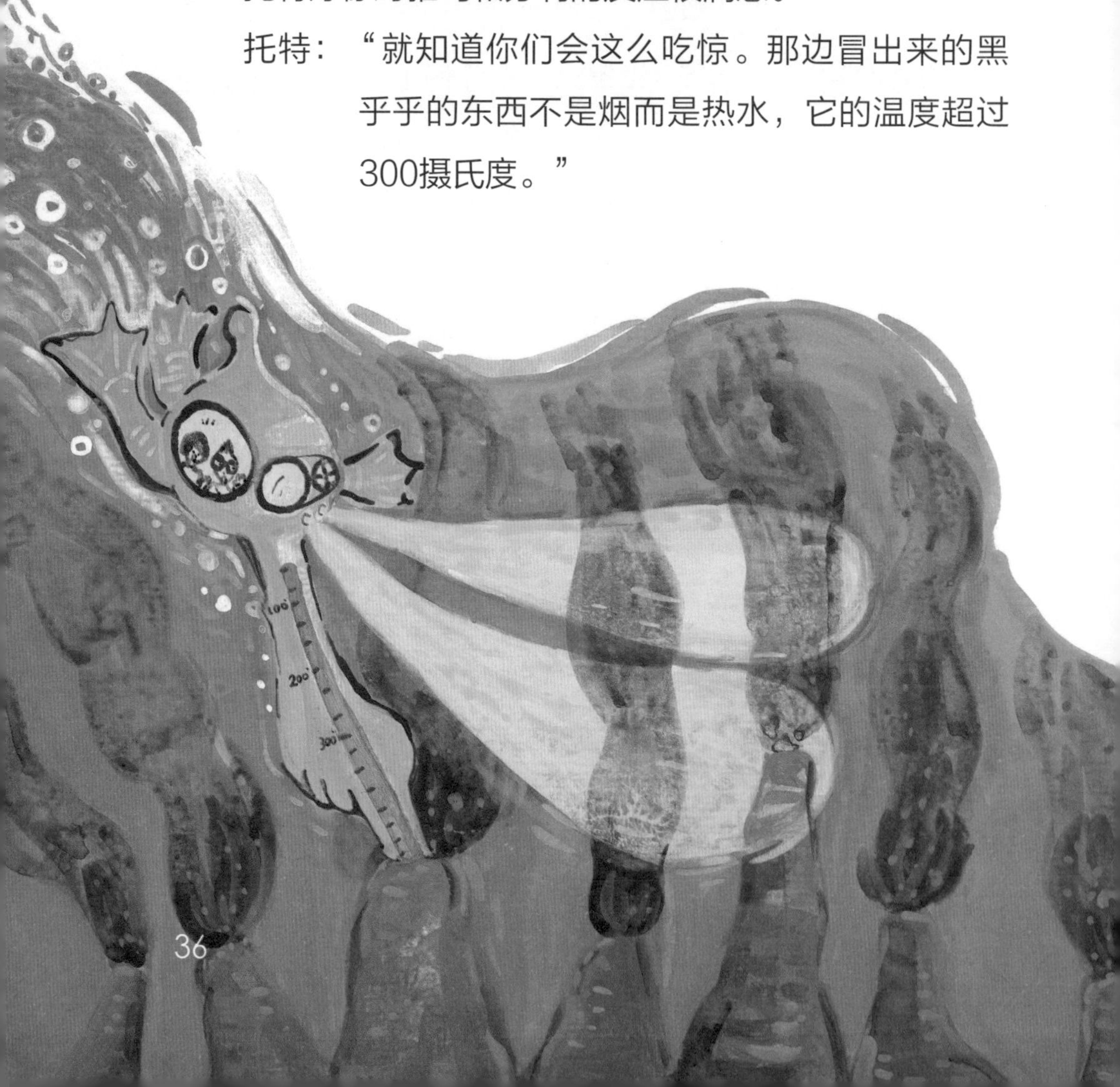

苏利：“水在100℃的时候，不是会沸腾变成气体吗？怎么可能会有300℃高温的水？”

托特：“那是因为海水的力量在作怪，上面压着的海水使这些水无法沸腾。如果压力太大，即使在高温下，水也不会沸腾的。”

这次轮到雅玛提问了：“不过海水怎么会那么黑啊？”

托特：“那是因为组成岩石的许多物质融化在了热水里，所以水才会那么黑。”

苏利和雅玛静静地环视了一下周围。

雅玛：“做梦也想不到在这么深的海底，竟然会有这样的地方。”

托特打破了沉默：“怎么样？在这种条件下，你们不觉得诞生生命很合适吗？”

苏利：“怎么可能呢？生物怎么可能会在这种地方生存呢？”

托特：“现在什么都没有，你当然会这么觉得。不过，等过一段时间，你就会在这里看到很多生物。”

托特调整了时间穿梭机，继续说道：“现在我们来到了38亿年前，地球上第一次出现生命的时候。”

雅玛和苏利瞪圆了眼睛。

苏利、雅玛："哪儿，哪儿啊？"

看到雅玛和苏利着急的表情，托特忍不住笑了起来。

托特："孩子们，别这么急躁嘛！"

"我们想快点见到生物。"苏利又催起来。

托特不紧不慢地说："现在出现的生物非常小，用肉眼是看不到的。"

雅玛："啊，我知道了！地球上出现的第一种生物应该是细菌，所以看不到，对吧？"

托特："哇，雅玛连这种事都知道，太令人惊讶了。你说得对，地球上出现的第一种生物就是细菌。"

托特对雅玛的称赞，不禁让苏利产生了一种嫉妒心理。

苏利："细菌不是传播疾病的吗？"

托特："地球上出现的第一种生物是细菌。细菌中有一部分是可以传播疾病的，不过，大部分细菌是不传播疾病的。现在你们的身体里就生活着数十亿个大肠杆菌，不过这些细菌有些是无害的，所以你们才不会生病。酸奶中含有的乳酸菌不仅对身体无害，反而会让人

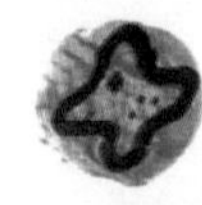

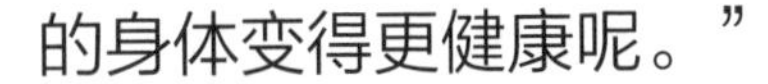

的身体变得更健康呢。”

苏利：“那最初的细菌是怎么产生的呢？”

“这个嘛……”这时，托特突然接不上话了，雅玛和苏利瞪着两双好奇的眼睛望着他。

托特：“我也不是很清楚。”

苏利：“不会吧！您怎么会有不懂的问题呢？”

雅玛似乎也很吃惊。

托特：“孩子们，我不可能知道所有的事情。别忘了我只是人类制作出来的程序。在38亿年前的海洋里诞生了最初的生命，现在的科学家们仅仅能告诉我们这些。很多科学家认为在海底滚烫的泉眼附近首次出现了单纯的细菌，滚烫的热水一直给细菌提供着食物。”

苏利：“所以你把我们带到了海底……”

托特：“叮咚！答对了，不过也有一部分科学家认为地球上最初的生命来自遥远的宇宙。还有一些科学家认为细菌是在沙滩上第一次出现的。所以说，我现在没法给你们解释，等到科学家们把生命诞生之谜都破解出来后，我再仔细讲给你们听吧。”

第二天的时间旅行就这样结束了，苏利觉得自己和托特的关系也亲近了不少。

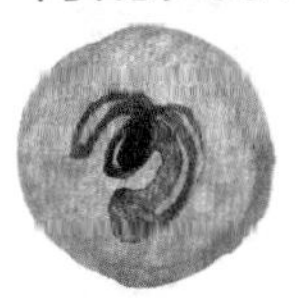

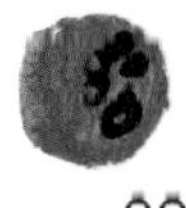

第三天 连接前寒武纪系统

雅玛和苏利 开始漫长的旅行

叶绿素的祖先——蓝藻

35亿年前

托特："孩子们，今天我们将去见识一些前寒武纪的生物。"

托特刚一开口，苏利马上追问道："前……什么？"

托特："前——寒——武——纪！是生命历史最长的一段时期。前、寒武、纪，这样把它们分成三个部分来讲就容易理解了，你们是不是还想知道这些名字的来源啊？我待会儿再告诉你们吧。"

苏利："这次也要去海里吗？"

托特："对，不过这次不会进入深海。来，向着31亿年前的大海，出发！"

大海依旧很荒凉。不过投进一望无际的大海的怀抱，足以让苏利和雅玛心情舒畅了。载着苏利、雅玛和托特的时间穿梭机潜入了海底。

托特：“仔细观察一下海里的情况。”

雅玛和苏利都仔细地观察着海里的情况，不过他们看了半天也没看出个所以然来。

“哎呀，这要等到什么时候啊？”苏利不耐烦了。

托特不紧不慢地说道：“孩子们，别急，仔细看看，你们一定会有所发现的。”

这时，一直在仔细观察海水的雅玛突然说：“知道了，是让我们看那些气泡，对吧？”

苏利：“呀，真的耶！托特，那些气泡是怎么回事啊？”

托特假装没听见苏利的提问，转移了话题：“前寒武

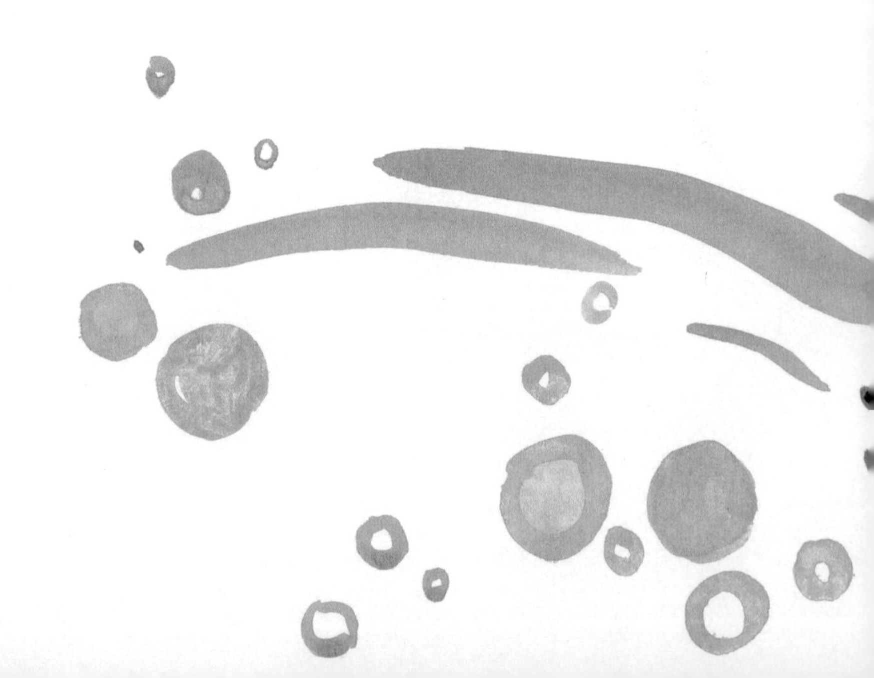

纪出现了很多种细菌，食物充足的地方细菌大量繁殖，随着细菌数量的增多，细菌的种类也在增多。不过偶尔也会因为环境的变化，充足的食物会突然消失，这时候，许多细菌就要面临死亡了。”

托特的目光转向了苏利和雅玛，继续说道：“就在那个时候，有一类细菌发生了前所未有的改变。也许是因为缺少食物吧，现在我们所在的海里就存活着这些很特别的细菌。”

苏利：“那到底是什么细菌啊？”

托特：“是蓝藻，它含有一种特殊的蓝色色素，所以

人们管它叫蓝藻。”

雅玛：“蓝色？那就是大海的颜色吗？应该很漂亮吧。”

听到雅玛的话，托特禁不住笑了。

托特：“是啊，很漂亮，你们都看见那些气泡了吧？这些气泡意味着蓝藻进行着光合作用。”

雅玛：“光合作用？那是植物制造营养素的过程吧？”

苏利：“还是雅玛懂得多啊！”

苏利现在越来越佩服雅玛了。托特突然用手指了指前边。

托特：“孩子们，快看这儿！”

在托特所指的方向，出现了一个美丽的画面。

托特：“这中间就是叶绿体，也就是植物光合作用的工厂。从左边进入的是二氧化碳和水，从右边出来的是营养素和氧气。不过，在这里绝不能忽视了太阳，在光合作

用中，必须要有光，没有光就没有光合作用。蓝藻的叶绿体内含有蓝色色素，在光的作用下呈现出蓝色。”

苏利和雅玛点了点头。

托特：“好了，现在知道那些气泡是什么了吧？”

“氧气！”雅玛和苏利不约而同地回答。

托特：“蓝藻会不断地利用光合作用制造出营养素和氧气。生命力旺盛的蓝藻开始大量繁殖。”

窗外，仍然有很多气泡争先恐后地冒出来，看着这

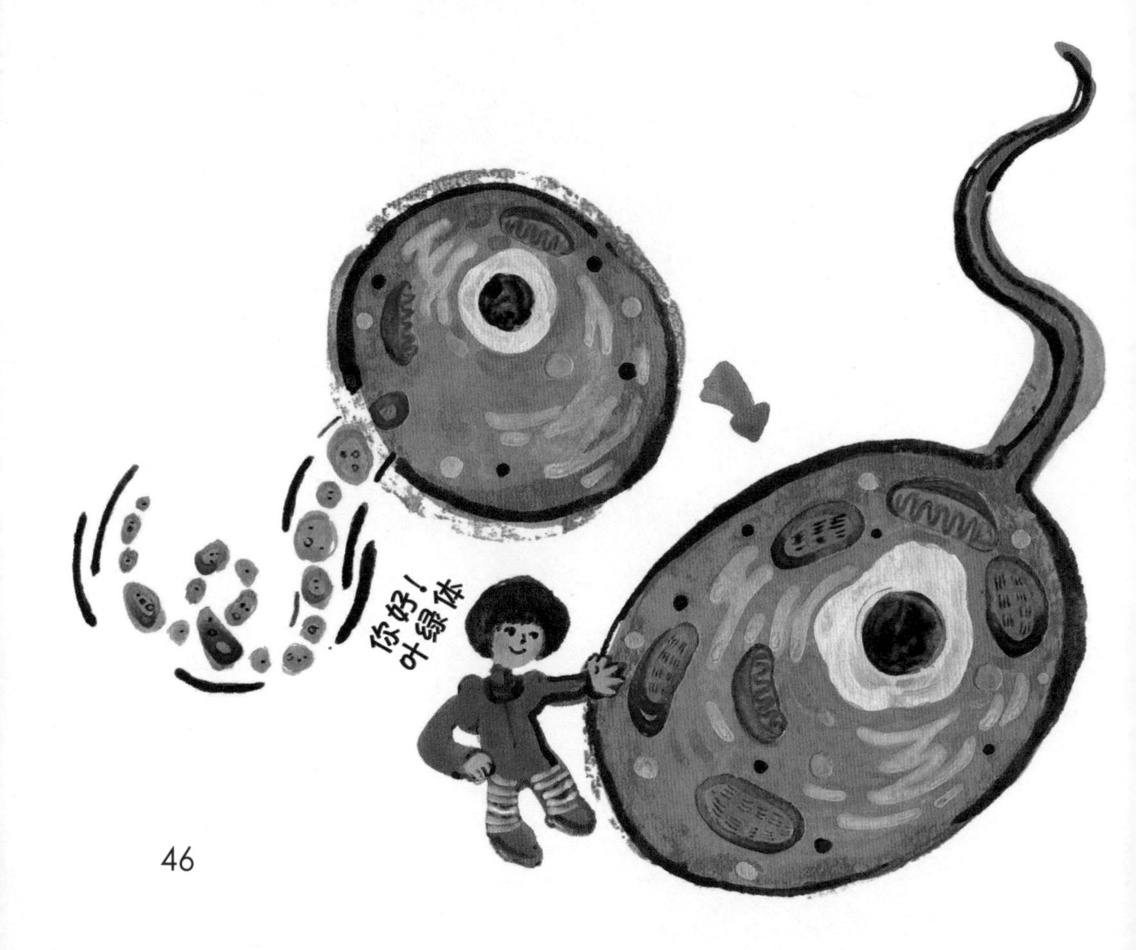

奇妙的场景，雅玛说：“蓝藻在为地球制造宝贵的氧气呢。”

苏利：“托特，这么多的蓝藻现在都去哪儿了呢？”

托特：“现在水里仍然有很多蓝藻生存着。不过有些蓝藻成了植物细胞内的叶绿体。”

苏利：“真的吗？”

托特：“当然是真的了，许多蓝藻不小心进入了比自己大很多的细胞里，然后两者就融为一体了。蓝藻可以为大的细胞提供营养素，大的细胞则保护着蓝藻，就这样，植物细胞因此诞生了。”

苏利：“这样说来，植物细胞内的叶绿体就是前寒武纪蓝藻的后代了。”

“呵呵，你很会总结嘛！”雅玛的称赞让苏利的脸微微红了起来。

刻着岁月之痕的岩石
28亿年前

托特：“现在让我们去海边看看吧！”

灿烂的阳光洒落在海边，海水显得格外美丽。时间穿梭机在海边浅水处停了下来。

苏利：“在这里又会看到什么呢？”

这次恐怕要让苏利和雅玛失望了，海边没有什么特别的东西，只有被海水日夜打磨形成的椭圆形小石块。

托特：“孩子们，你们觉得它像什么？”

苏利：“不就是普通的石头嘛。”

雅玛也点了点头。

托特：“孩子们，再仔细看看，能不能看到一些斑纹呢？”

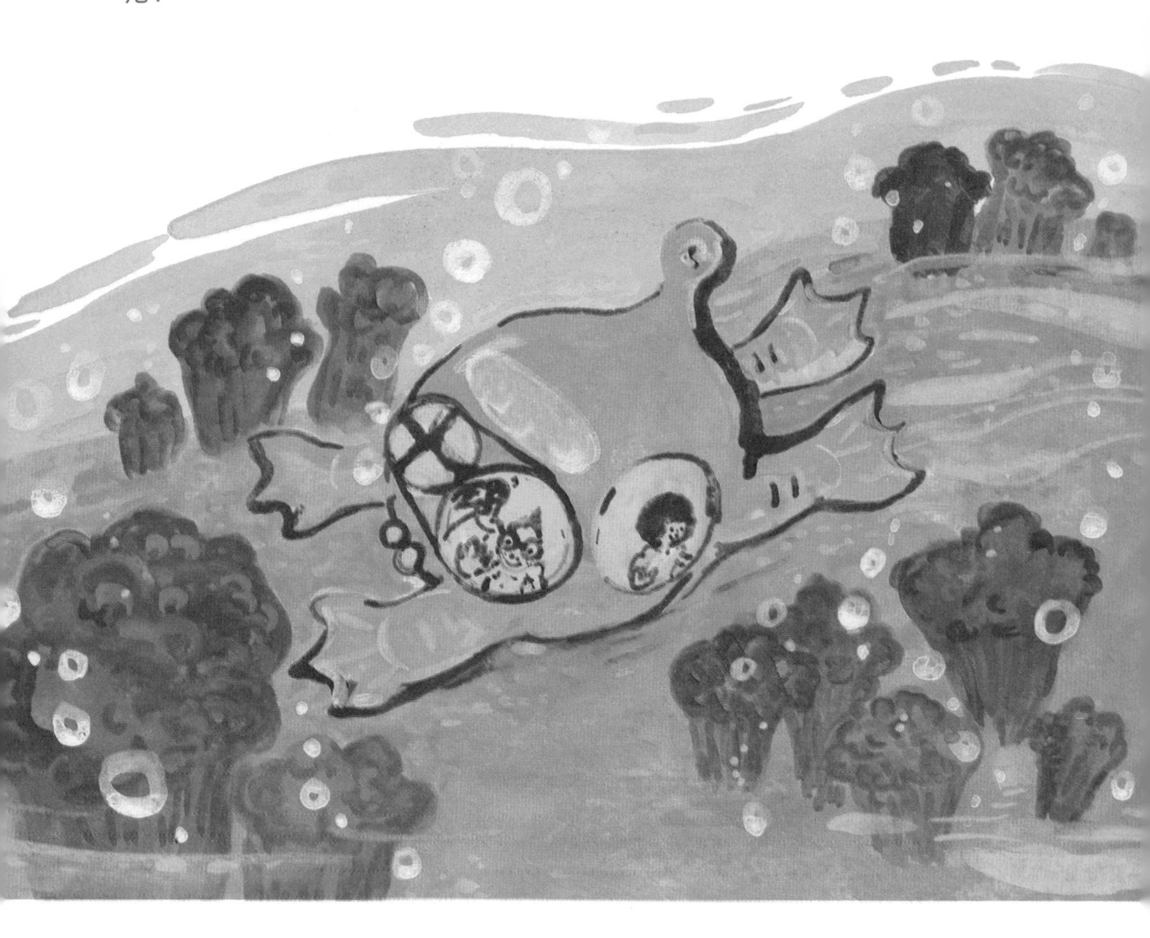

于是，苏利和雅玛仔细地看了看石头。

苏利：“真的耶！真的有一圈一圈的斑纹。”

雅玛：“看起来很像年轮！”

托特：“那些石头叫作叠层石。”

苏利：“叠……什么？”

托特：“叠层石！”

苏利：“哦，是叠层石啊！”

托特：“那些石头上的斑纹是生命的信号！”

苏利：“不会吧，石头也有生命吗？”

托特：“具体地说是石头上面有许多蓝藻生存着，只是因为它们太小，我们看不到而已。它们一直在进行着光合作用，不停地繁殖。”

雅玛：“那么，石头上的斑纹是怎么回事呢？”

托特：“叠层石不是一般的石头，黏黏的蓝藻粘在那些岩石上，石头才会生出斑纹来。想想看，随着昼夜的变化，蓝藻繁殖的速度是不是也会有所不同啊？”

托特：“有光才能进行光合作用，夜间当然就不会进行光合作用了，繁殖的速度肯定也会不同的。繁殖的速度会随着季节和周围环境的变化而变化，就是这些变化导致了叠层石斑纹的形成。”

雅玛：“这些斑纹看起来很像年轮。”

托特：“对，仔细观察叠层石，会发现很美的斑纹。叠层石是在地球上发现的历史最悠久的生物化石，最早的是35亿年前的。”

托特的话让雅玛和苏利大吃一惊。

苏利："哇，真的是一段很漫长的历史啊。"

托特："不过还有一个更让人惊讶的事实——直到现在，生命力旺盛的蓝藻依然在制造着叠层石。"

苏利："在哪儿？"

托特："在澳大利亚西部海岸有一个叫沙克湾的地方，在那里就可以看到很多叠层石。"

雅玛："35亿年前的生物，竟然能生活到现在，真是好顽强的生命力啊！"

细胞核，装有生命秘密的袋子

15亿年前

托特：“这次我们去15亿年前看看吧。”

托特开始转动着控制盘，那种漂浮起来的感觉又来了。

苏利：“这晕乎乎的感觉还是不习惯。”

时间穿梭机到达了15亿年前寂静的海边。天空显得格外的蓝，脚下是寸草不生的大地，头顶上是没有一只飞虫飞过的天空……

“也许海底会有所不同吧？”苏利心中产生了这样的疑问。

这时，时间穿梭机“砰”的一声进入了浅海。

苏利：“怎么时间过了那么久，也没有什么变化啊？”

托特：“表面看起来没什么变化，不过这里存活着与细菌完全不同的生物。”

苏利：“我们的肉眼能看到吗？”

托特：“不能，不过我会给你们看的。”托特说了一句让人摸不着头脑的话，视线转向了其他地方。随着“叮咚”一声，时间穿梭机里传来了似乎有什么东西在动的声音。

托特：“看窗外！我会在海水中找几个样本过来。”

这时，时间穿梭机的外壁上出现了两个彩虹

色的铃铛。那两个铃铛在窗外停留了一会儿，马上就从苏利的眼前消失了。苏利和雅玛瞪着溜圆的眼睛继续观察着将会发生什么，过了一会儿，那两个彩虹色的铃铛似乎进入了时间穿梭机里。

托特：“现在都准备好了吧。”

托特看着铃铛，苏利和雅玛不约而同地皱起了眉头。因为其中一个彩虹色铃铛开始发出了耀眼的光芒。等苏利和雅玛渐渐习惯了亮光后，他们在那些光芒中看到了漂浮着的奇妙生物。

望着目瞪口呆的雅玛和苏利，托特说：“不用这么惊讶，我只是把从外面搜集来的样品放大了而已。”

苏利和雅玛点了点头，但还是惊讶得合不拢嘴。简直是太鲜艳美丽了，里面的生物还在欢快地舞动着。

托特：“这些都是不同种类的细菌。能看到里面像绿色项链一样的东西吗？ 蓝藻有时候也会像这些细胞一样黏在一起生存。那么，再找一找其他的生物，马上会出现你们从来没有见过的生物。”

旁边的彩虹色铃铛又开始发出光芒，这次出现了很多生物。全部都是由一个细胞组成的，它们真是千姿百态啊。

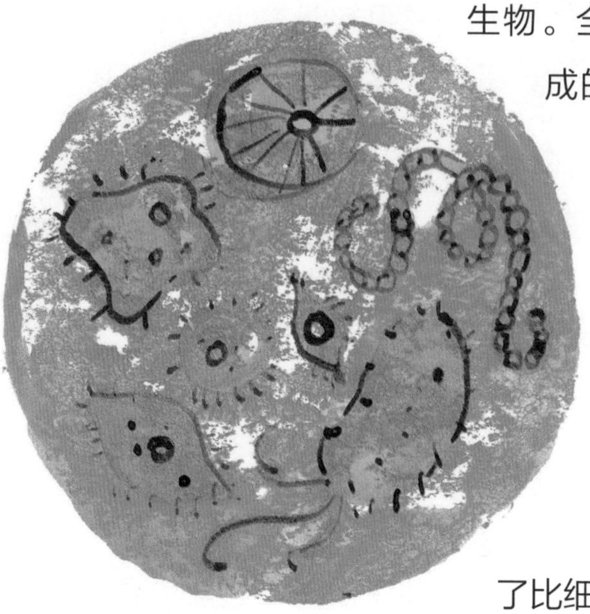

苏利观察着它们并说：“这有什么新鲜的啊？跟细菌没什么两样嘛！不会是巨大的细菌吧？”

雅玛：“是啊，除了比细菌大一点儿，感觉没什么两样啊。”

托特：“凡事不能只看表面嘛！你们仔细看看，这些生物的细胞里是不是有一个像核一样的圆东西呢？”

苏利：“呀，是啊，那个核是干什么用的？很重要吗？”

托特：“嗯，这些由真核细胞构成的生物被人们叫作真核生物。你们听说过DNA吗？”

雅玛：“嗯，据说是遗传物质。”

托特：“对，DNA是组成基因的物质，也被称为‘遗传微粒’，这种遗传微粒非常重要。孩子们，大肠杆菌、蓝藻、草履虫，还有人类都是不同种类的生物，这要怎样辨别呢？”

雅玛：“不是长得都不一样嘛。”

托特：“但是，如果是不同种类却又长得很类似的呢？”

这次雅玛和苏利无话可说了。

托特：“只要做DNA鉴定就可以了。如果生物的种类不同，那么基因的种类也会不一样的。”

苏利：“这么说，如果是同一种生物，那么基因就都一样了？”

托特：“如果是同一种类的生物，其基因的排列顺序

是一样的，但并不是所有的基因都相同，也有互不相同的基因。这就好比人，虽然都是人，但彼此却不相同，是一样的道理。这都是因为基因的不同，所以才会这样的。事实上，生物细胞内发生的一切都受基因的指挥。人类的细胞也是一样的。”

苏利：“那么细胞核一定是和基因有关系的喽！”

托特：“没错，细菌也是生物，所以也有构成基因的DNA，不过细菌的DNA都散布在细胞里，而真核生物的DNA则被包裹在一种叫作核膜的袋子里，受着严密的保护。”

托特：“真核生物的细胞里除了细胞核，还有许多发挥着特别功能的东西，叶绿体就是其中之一。看到那个有着鞭状尾巴的鲜绿色真核生物了吗？它的身体里面也有叶绿体。真核生物的细胞里有很多像细胞核、叶绿体一样有着特殊结构的东西。”

埃迪卡拉，前寒武纪的动物园
6亿年前

苏利：“哎呀，好复杂呀，雅玛，这次就由你来整理一下吧。”

雅玛望着抓耳挠腮的苏利，面带微笑地说：“就是说，最初只有细菌，后来出现了真核生物，真核生物的细胞有着可以保护DNA的核膜和多种复杂的细胞结构。这样解释可以吗？托特，那人类呢？”

托特：“人类也是真核生物，也就是说，如果用细胞的标准衡量的话，所有的生物可以分为两类，一类是没有核膜的细菌，一类是有核膜的真核生物。现在我们去前寒武纪末期看看吧。”

雅玛：“看来前寒武纪之旅马上就要结束了。”

托特：“第一次出现在地球上的真核生物都是由一个细胞组成的，这些生物叫作原生动物。随着时间的流逝，有些原生动物开始聚集在一起构成了群体。”

雅玛：“是不是快要出现大型生物了啊？”

托特：“由原生生物构成的群体还是很小的。”

三个人聊着聊着，时间穿梭机就到达了6亿年前的海岸，海边的风景仍然没有什么变化。虽然还是一片荒凉，但却美丽壮观。

托特：“孩子们，穿上潜水服，背上氧气罐，别忘了把脚蹼也穿上。”

苏利：“不会是让我们潜水吧？”

托特：“嘿嘿，说不准呢！”

在托特的催促下，苏利和雅玛慌慌张张地准备完毕，跳进了水里。

苏利：“哇！”

雅玛：“太美了！”

千姿百态、五颜六色的海草在海底随着水流浮动着，大大小小的虫子自由地爬来爬去，海葵、珊瑚尽收眼底。他们轻轻摸了一下珊瑚，感觉软乎乎的。他们还看到了许多从未见过的稀奇古怪的动物。

雅玛和苏利尽情地欣赏着海底世界，来来回回游了好一阵子。不过，马上就到了和托特约定好的时间。

托特准点到达了，苏利和雅玛进入了时间穿梭机。

“怎么样，去前寒武纪动物园玩得开心吗？”

听了托特的话，苏利和雅玛开心地笑了。

托特把海底风景再次展现出来，开始给他们说明，那样子真像个水族馆解说员。

托特：“这里是埃迪卡拉。在6亿年前，这里是汪洋一片，不过现在已经成为埃迪卡拉山了。科学家们在这里第一次发现了前寒武纪动物化石。后来，在世界其他地方也发现了这种化石。”

苏利简直听得入神了，自言自语着：“今天真的是很有意义的一天啊！”

第四天 连接古生代系统

雅玛和苏利与动物对话

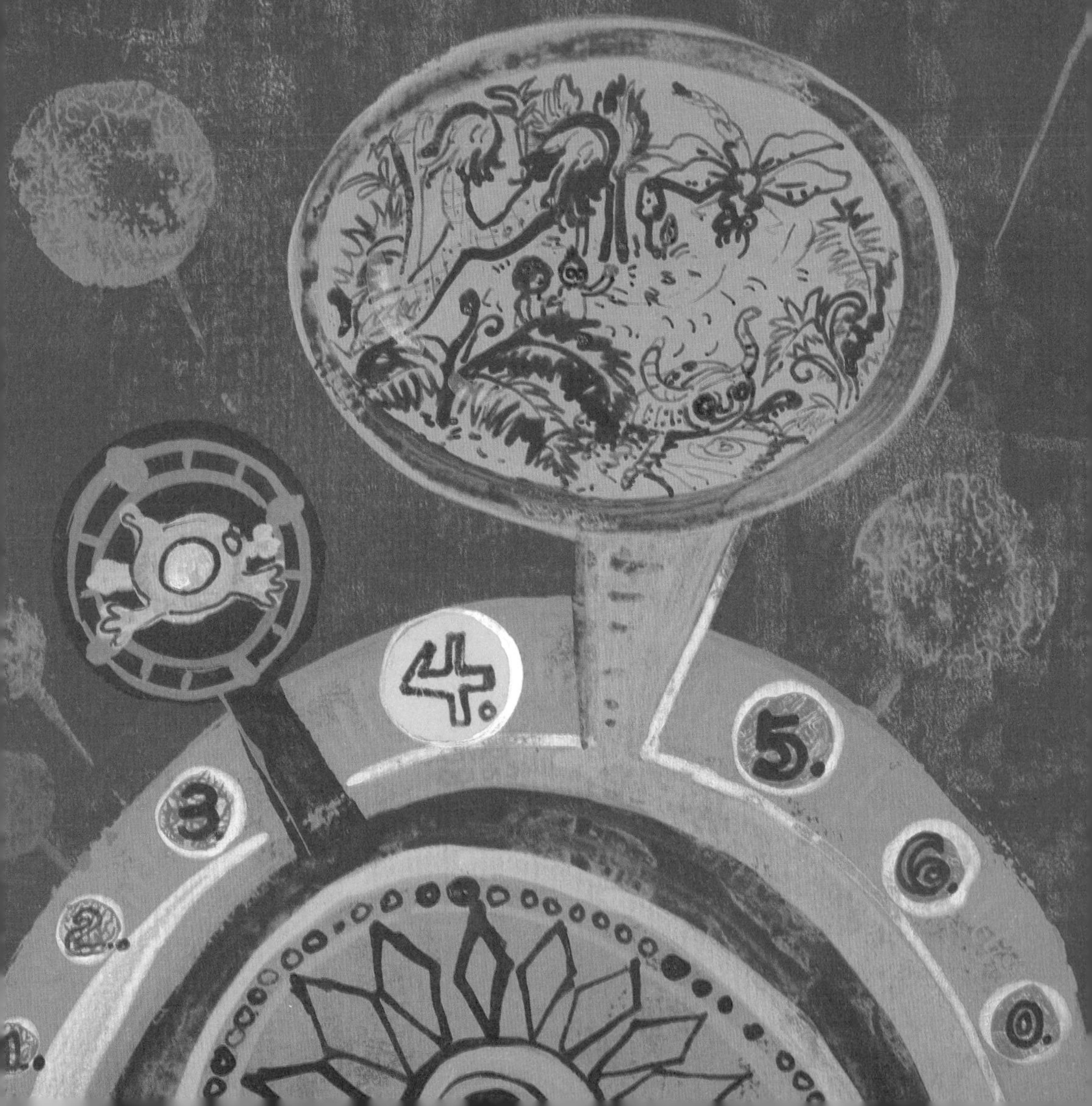

会说话的动物

5.4亿年前

昨天从前寒武纪之旅归来的苏利对妈妈说："妈妈，我真的没有想到前寒武纪会那么美，不过妈妈，有一点我还是比较遗憾。"

妈妈："那是什么呢？"

苏利："托特的讲解非常好，也很亲切。不过我想如果能直接和以前的动物对话，那该多有趣啊。"

妈妈："你是说让虚拟世界里的动物说话？哇，这真是个不错的想法，我为什么没早点想到这个问题呢。"

妈妈把苏利留在了原地，自言自语地走进了工作室。

苏利："哎，真是拿妈妈没办法。"

回到时间穿梭机里的苏利和雅玛一起把托特叫了出来。

托特："孩子们，你们好啊！这次我们该去看看寒武纪生命大爆发了。"

时间穿梭机移动着，终于到达了5.4亿年前的海滩上。苏利和雅玛忙着做潜水准备，托特说："孩子们，今天试试和动物搭个话吧。"

雅玛："咦，没听错吧，可以和动物说话吗？"

望着喜出望外的雅玛，苏利心想："原来和动物对话的程序妈妈已经设计完成了呀，我的妈妈真是说到做到！"

寒武纪大爆发的海底比孩子们想象得还要漂亮。

雅玛："苏利，看看那只小虫子，你不觉得它游泳的样子很优雅吗？"

雅玛指了指前方，小指大小的细小动物正在向他们靠近。

苏利：“呀，真漂亮，我们聊会儿天吧。小家伙，你好吗？”

皮卡虫：“你们好！我叫皮卡虫，在这附近你们要小心一点，奇虾随时都会袭击你们。”

雅玛：“奇虾？”

皮卡虫："就是海里的'暴君'啊！"

这时，一种体形比苏利和雅玛还要大的虾正朝他们游过来，就在雅玛刚要叫出托特时，大虾突然说话了："孩子们，别害怕！我不会伤害你们的，我只是听到有人在叫我的名字，所以过来和你们打声招呼。我就是奇虾。"

苏利："啊，原来海里的'暴君'就是你啊！"

奇虾："因为在捕食者中我的块头比较大，所以大家都那么称呼我。其实在不饿的时候，我还是挺温顺的。好了，我就不耽误你们游览海底世界了，拜拜！"

看着奇虾渐渐远去，雅玛和苏利这才稍稍松了口气。

生命的大爆发

5.4亿年前

苏利和雅玛在海底逛了一大圈儿，等回到时间穿梭机里时，他们的小脸蛋儿红扑扑的，可爱极了。

苏利：“托特，简直太不可思议了，动物的种类一下子变得好多啊！而且动物更灵活了……”

托特：“是吗？你们都见到什么了？”

雅玛和苏利叽里呱啦地说出了皮卡虫、奇虾等动物。

“你们一定没有注意到怪诞虫吧。”于是托特讲了一个关于它的趣事。

托特：“怪诞虫的背上有两道刺，人们第一次发现怪诞虫化石的时候，还以为它背上的刺是它的腿呢。所以，一直以来，人们都认为怪诞虫是用像刺一样的长腿来行走的动物。”

苏利：“托特，埃迪卡拉时代距现在有6 000万年，海底的动物真的变得多种多样了。”

托特：“是啊，观察得不错。前寒武纪时代的化石真的非常珍贵。最初的生命出现后，在20亿年里一直存活在细菌里，你说能不珍贵吗？真核细胞出现后，过了很长一段时间才出现了多细胞动物。”

苏利：“就像埃迪卡拉一样？”

托特：“是啊，不过从寒武纪开始，就出现了大量的动物化石，这时期的动物化石在世界各地都有所发现，这

一现象就被称为寒武纪生命大爆发。”

苏利：“不会和炸弹爆炸是一个意思吧？”

托特：“差不多！就是指生物的种类和数量突然间暴涨。”

苏利：“啊哈，原来是这样啊！”

雅玛：“那么寒武纪生命大爆发是怎么发生的？”

托特：“关于这一点，学术界存有两种说法。一种观点认为寒武纪生命大爆发这一时期，突然出现了很多动物；另一种观点则认为寒武纪生命大爆发时期，突然增多的不是动物，而是动物化石。”

雅玛：“那这两种观点到底哪一个是正确的呢？”

托特说：“寒武纪生命大爆发时期，出现了很多外壳坚硬的动物，这些动物比较容易形成化石，所以跟前寒武纪相比，出现了更多的化石也是很正常的。”

雅玛：“这么说，第二种观点更为准确喽。”

托特：“等等，我再仔细想想。寒武纪生命大爆发时的动物，因为拥有更为坚固的外壳，所以能更好地保护自己，更好地存活下来。也就是说，在这个时期，无论是动物的数量还是动物的种类，都比以往增多了。”

苏利：“那么，就是第一种观点对喽。”这时在一旁静静聆听着的苏利插话了。

“到底哪个是正确的，你们下个结论吧。”

托特话音刚落，雅玛就抢着回答：“结论就是……两者都是对的！”

托特：“对，在现实生活中，当一种问题有两种解释时，人们往往认为只有其中一种说法是正确的。其实不然，生命现象是无法用理论说明全部的，因为生命本身就是一个谜，它太复杂了。所以，总是会有很多种因素共同作用着。”

古生代的生物进化

4.5亿年前至4.2亿年前

托特：“宇宙的爆发性变化就在于动物们的进化。在前寒武纪时代，那些软乎乎的虫子们进化出有助于自己成长的器官。”

苏利：“对于动物们来说，这真是个绝妙的变化啊。”

托特：“大部分动物都成功地进化了。所以，譬如三叶虫之类的动物，在寒武纪大爆发的海底一下子繁盛起来。”

雅玛：“托特，我有个疑问，我看三叶虫的身体分为头甲、胸甲和尾甲三个部分，它是因为这样才被叫作三叶虫的吗？”

托特：“完全正确！三叶虫是寒武纪生命大爆发时期的代表性动物。只要是从寒武纪生命大爆发的地层中发现的化石，基本上都会有三叶虫的身影。不过三叶虫的种类非常多，有大的、有小的，生存的方式也不同。”

过了一会儿，托特问道：“有一种动物需要我们仔细观察。孩子们，你们还记得皮卡虫吗？”

苏利：“你说的是我们第一次看到并和它对话的那只虫子吧，长得瘦瘦的，很漂亮，不过没什么特别的啊，看起来又小又弱的。”

托特：“外表看起来和其他虫子很相似。不过，皮卡虫的身体里有一种很好的器官，那就是麻绳似的原始脊索，它长在皮卡虫的脊背上，起着支撑身体的作用。你们观察皮卡虫时，有没有发现它的运动方式很特别呢？”

苏利：“啊，对了！它游动得特别快！”

托特：“这种脊索就相当于你们人类的脊椎骨，想象一下如果你们的身体里没有脊椎骨，别说走和跑了，就是站都站不稳，也不能支撑其他骨头。皮卡虫的原始脊索就和脊椎骨差不多，随着生物的进化，皮卡虫非常原始的脊索，最终会发展成真正的脊椎骨。”

苏利：“这么说，那小小的虫子就是脊椎动物的祖先了？”

苏利惊讶地问，托特摆出一副顽皮的表情说：

“哈哈，说不定还是你的祖先呢。”

时间穿梭机的时间指向了4.5亿年前，窗外呈现出了

新的海底风景。

托特：“孩子们，从现在开始，你们将看到更多的古生代生物。现在是古生代的第二个时期，也就是奥陶纪。看窗外，那是原始脊椎动物——牙形石，这意味着脊椎骨已经形成，

并且还有牙齿呢。”

苏利：“托特，你看后面有一个像鱼一样的东西正在靠近呢！”

托特：“那是没有下颌的鱼——阿兰达鱼。鱼类终于出现了，它用坚固的盾甲保护着头和前躯呢。”

托特再一次调整了时间移动控制盘，过了一会儿，时针指向了4.2亿年前。

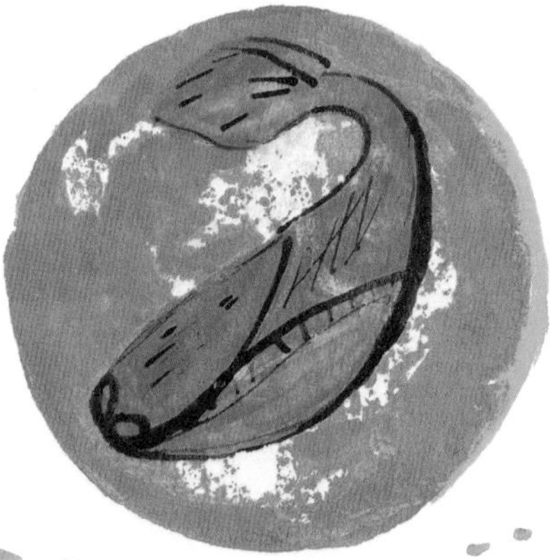

托特：“现在是古生代的第三个时期——志留纪，在海底的鱼类进化出了下颌。现在，我们去海边看看吧。”

时间穿梭机到达了海边。雅玛和苏利向窗外看了一下，他们简直不敢相信自己的眼睛。

苏利：“那是真的吗？”

这一切早在托特的意料之中，他得意地笑了一下。

托特：“是啊，生物们终于爬上了陆地。勇敢的青苔首先登上了岸，那边长得怪怪的植物是顶囊蕨（学名为库克逊蕨），是不是和青苔长得很不一样啊？现在还没有长出叶子和花朵，只有孢子囊挂在细细的茎秆上，不过它已经有了运输水分和无机盐的导管，比青苔长得还要大。”

雅玛：“那动物呢？”

托特：“千足虫、蝎子、蜘蛛等动物率先跑到了陆地上。这些动物都有结实的腿，还有防止身体干燥的外壳。”

泥盆纪、石炭纪大冒险

3.6亿年前至3亿年前

苏利：“哎呀，在古生代好像稍稍移动一点时间，就会发生很大的变化。”

苏利不住感叹着。虽然雅玛没有表现出来，但她好像也对这突如其来的变化感到震惊。

托特：“你们看看那些生存在地球上的生物吧，它们才刚刚爬上了地面。再等一会儿，我们马上就会路过泥盆纪，然后开始石炭纪大冒险。”

苏利：“冒险？”

托特没有回答，只是笑了一笑。听到冒险这个词，苏利的心就开始怦怦地跳起来。时间移动控制盘再一次停了下来，指向了3.6亿年前。

托特：“古生代第四个时期是泥盆纪，在这个时期，鱼类的种类和数量都得到了空前的发展和繁荣，所以泥盆纪又被称为是‘鱼类的时代’。孩子们，看看窗外吧。”

有一条鱼从远处游过来，苏利用好奇的眼神盯着这条靠近的鱼，突然，他大叫起来：“啊啊，是怪物！”

雅玛：“啊！托特，这只怪物要把我们的时间穿梭机吞掉了！”

有一条房子般的大鱼正张大着嘴巴朝他们靠近，尖锐的牙齿还闪烁着凶狠的光芒。

托特：“不用担心，它会从我们身边经过的，那是邓

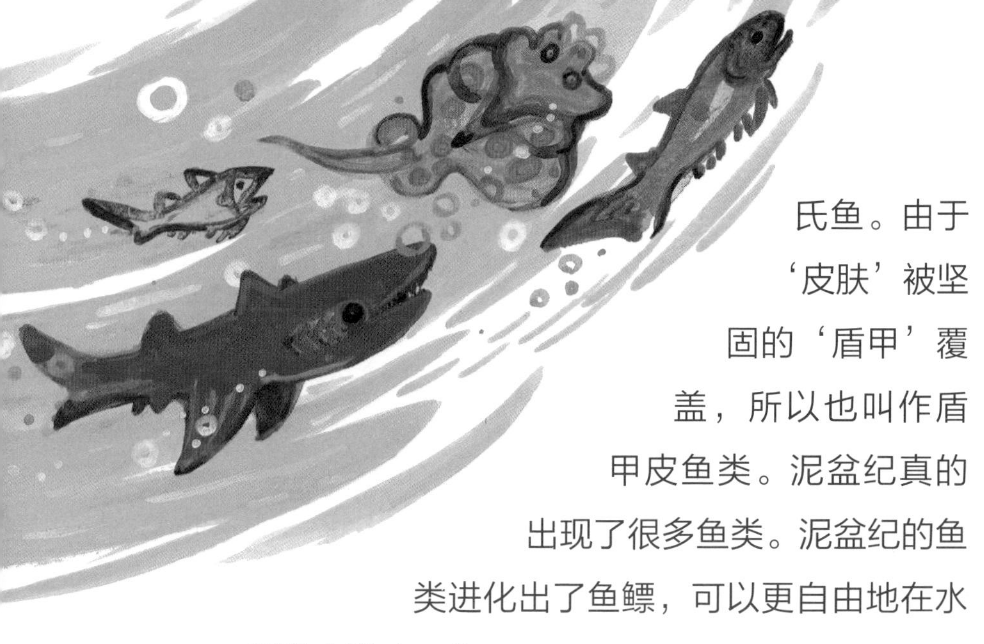

氏鱼。由于‘皮肤’被坚固的‘盾甲’覆盖，所以也叫作盾甲皮鱼类。泥盆纪真的出现了很多鱼类。泥盆纪的鱼类进化出了鱼鳔，可以更自由地在水里游来游去。”

雅玛和苏利屏住呼吸，观察着和时间穿梭机擦肩而过渐渐远去的邓氏鱼的尾鳍。

托特：“在泥盆纪这个时期里，还有不少新鲜事呢！蕨类繁盛，形成了草丛，原始两栖类也开始登场了。”

托特：“走吧，下一站是3亿年前古生代的第五个时期——石炭纪！”

雅玛：“不去见一见泥盆纪的蕨类和原始两栖类吗？”

托特：“不要着急，在石炭纪你们会看到更多的蕨类和原始两栖类。”

苏利和雅玛对未知世界充满了期待。

苏利：“哇！”

雅玛：“啊！”

那里是个湖！不是，是草丛！苏利和雅玛简直不敢相信自己的眼睛。倾洒下来的阳光渗透了大地的每一个角落，白蒙蒙的水雾如同仙境一般，一排排大树高高地耸立在湖畔，一眼望不到边。

雅玛：“苏利，你听。”

飞虫嗡嗡地飞来飞去，动物在湖面上溅着水花来回游走，还有许多虫子在草丛里嗖嗖地来回穿梭着。天气非常热，就像蒸炉一样，没多久，他们浑身都湿透了。

雅玛：“咦？这种树怎么从来没见过呢？”

苏利：“难道是怪物变成了大树？雅玛，那边有两个顶着双角的长毛怪物。”

雅玛：“呀，这个树枝真像一条粗壮的蛇，它的身上覆盖着像鳞片一样的东西。”

苏利：“这棵树长得很像蕨菜呀，蕨菜居然能长这么大?！”

雅玛和苏利走在到处都是木贼和蕨菜的丛林里。这时，不知从何方传来了一种巨大的声音，回头一看，竟然是一只巨大的昆虫，苏利很想逃跑，但还是战战兢兢地鼓足勇气和这只巨大昆虫问好：“……你好？”

昆虫：“孩子们，你们好啊。我的名字叫远古蜈蚣虫。虽然我身体庞大，不过我是食草性昆虫，所以大家都叫我温顺的马陆。”

苏利：“你是马陆？既然你住在这里，那对这里的树木应该都很熟悉吧。你能告诉我那些树叫什

么名字吗？”

昆虫：“这种树叫作鳞木，叶的基部自茎面膨大突出，当叶子脱落后，在它的表面留下像鱼鳞状的叶座，所以就叫鳞木。还有那边有两个角的是封印木，因为树枝上长有像盖了章的斑纹，所以被叫作封印木。”

走着走着，一只巨大的鸟儿向他们飞了过来，雅玛和苏利看见飞近的鸟儿吓了一大跳，因为那不是鸟，而是比老鹰还要巨大的蜻蜓。

雅玛：“你好，蜻蜓。叫你蜻蜓没有失礼吧？”雅玛礼貌地打了招呼。

蜻蜓：“你好！我叫大尾蜻蜓，是蜻蜓的天敌。”

苏利：“看来这里有很多像你这样的昆虫啊。”

蜻蜓：“你们不知道吗？在石炭纪时期，数量最多的动物就数我们昆虫了。你们看，那边的那些蟑螂和蜉蝣都是昆虫，不过，还有很多不是昆虫的动物，就像蜘蛛和马陆。”

苏利：“远古蜈蚣虫也是，你们也是，怎么都那么大呢？蜉蝣有巴掌那么大，蟑螂都有胳膊这么长了……在我们的时代里，昆虫和马陆都非常小。”

蜻蜓："哦，这一切都是因为石炭沼泽。生活在石炭沼泽中的植物们释放了大量的氧气，空气中的氧气含量很充足，所以，我们的身体很庞大，身体的各个部分都能获得充足的氧气。"

苏利："哦，原来如此啊。"

和大尾蜻蜓分开后，苏利和雅玛向沼泽走去。他们看到一只笨重的动物正慢悠悠地朝水边爬过来。

苏利："是鳄鱼！"

引螈："怎么能叫我鳄鱼呢？真令人伤心。我和鳄鱼完全是两种不同的生物。"

苏利："哎呀，真的很抱歉！"

引螈："没关系，我叫引螈，其他动物见到我，都怕我吃了它们。哈哈，不用害怕，我不会伤害你们的。"

雅玛：“这里像你这样的两栖类动物多吗？爬虫类呢？”

引螈：“主宰石炭纪的是我们两栖类。事实上，爬虫类也出现过，不过远没有我们两栖类体形庞大，也没有我们种类多。不多说了，你们好好游览一下再回去吧。”

悲伤的二叠纪

2.8亿年前至2.51亿年前

回到时间穿梭机的雅玛和苏利，有很多问题想要请教托特。

苏利："托特，那么多的鳞木和封印木现在都跑哪儿去了呢？"

托特："有的被埋在了地下，也有的在天上。"

苏利："什么？这也太不可思议了吧？"

托特："它们都是属于石松类的植物。除了鳞木和封印木，在石炭纪时期还生活过许多其他种类的石松，它们的生长速度非常快，而那些倒在沼泽里的树木就会慢慢腐烂。随着岁月的流逝，黏土和沙子覆盖在上面，而埋在地下的植物残骸就变成了石炭。"

雅玛："所以就叫作石炭纪是吗？"

托特："叮咚，回答正确！"

苏利：“啊！我现在终于明白你刚才说的意思了。就是说，有的树木腐烂之后，被埋在了地下，最终变成了石炭，而这些石炭中的一部分被燃烧后，则变成了气体，飞到天上去了。”

托特：“没错，分析得头头是道啊。”

雅玛和苏利得意地耸了耸肩。托特绘声绘色地给他们讲了可以用肺呼吸的两栖类，能够振翅飞翔的昆虫类，还有可以用肺呼吸，身体有鳞片和背脊骨，并且不依赖水来产卵的爬虫类的故事。

雅玛：“不过托特，两栖类不是蛙类吗？这里的两栖类动物各个都巨大无比，而且长得也很奇怪。有的像鳄鱼，有的像蜥蜴，还有像没腿的蛇！”

托特：“两栖类在水边生活，而石炭纪的沼泽又富含水资源。它们就是在这些沼泽地繁殖开来的，不但体形变

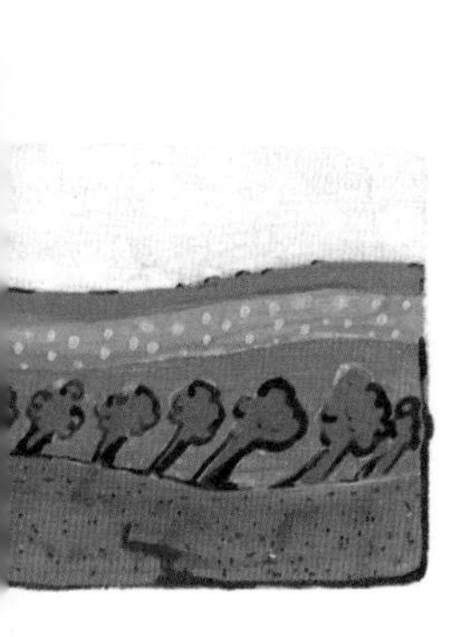

大，种类和数量都有所增加。不过两栖类就是两栖类，它们必须要到水里去产卵，而它们的孩子也必须像蝌蚪一样在水里生活，所以两栖动物是不能完全离开水生存的。”

苏利：“现在去二叠纪吧！”

托特：“二叠纪是古生代的最后一个纪。在二叠纪，气候变得干燥起来，沼泽地的水都蒸发掉了，土地干裂。季节也发生了变化，这样一来，地面的石松和蕨类慢慢减少了。相反，松树的祖先——针叶植物，开始覆盖大片土地。还有叶子像舌头的种子蕨，舌羊齿目也曾在这个时期繁盛过。”

苏利：“动物们呢？”

托特：“对干燥的气候有很强适应能力的昆虫们继续繁殖，并产生了新的种类。不过很多两栖类灭绝了，相反，爬虫类开始繁盛起来。科学家们把中生代称为爬虫类的时代，事实上，爬虫类的时代是从古生代二叠纪开始的。”

时间移动控制盘指到2.8亿年前时，停了下来。托特指了指窗外，有一只笨重的爬虫类正在向这里靠近。

苏利：“哇，是恐龙！”

托特：“不是恐龙，不是所有庞大的爬虫类都是恐龙。那个叫异齿龙，是更接近于哺乳类的原始爬虫类。由于背上长有帆状物，所以看起来比较笨重，它是很可怕的食肉动物。它通过那个帆状物吸收阳光取暖，有时能给身体散热。”

托特指了指远方，像异齿龙一样的动物们正聚集在一起休息。

托特：“基龙群也在那里，虽然它们和异齿龙属于同一群体，不过它们是食草动物。现在再调一下时间吧。”

过了一会儿，时间移动控制盘的时针指向了2.51亿年前。窗外展现出格外平和的景象。食草爬虫类在舌羊齿和针叶林稀疏的地方，

像羊群一样啃食着草丛，食肉爬虫类则在旁边来回地爬来爬去寻找着食物，天空中有巨大的昆虫嗡嗡地飞来飞去。托特看着这些场景，低沉地说："虽然看上去平和，但却令人悲伤。"

苏利："为什么？"

托特："不久，它们都会死亡的。在二叠纪95%的生物永远消失了。植物也不例外，甚至那些可以适应多种环境的昆虫类也受到了巨大的影响，脊椎动物和三叶虫也都消失了。"

苏利："到底发生了什么事？"

托特："急剧的气候

变化威胁整个生态系统。植物、动物以及微生物中，只要其中的一种突然消失的话，那么就会发生一系列的连锁反应，就像多米诺骨牌一样，这是一件非常可怕的事情。”

雅玛：“到底是什么引起了那么大的气候变化呢？”

托特：“谁知道呢？关于这个原因，到现在也没有弄清。也许是巨大的陨石撞击了地球，产生巨大的能量和灰尘，不用说能量了，就仅仅是那些灰尘，就足以覆盖整个地球。在这种情况下，植物无法进行光合作用，最终的结果只能是死亡。或许是发生了巨大的火山爆发，那些火山灰和火山气体覆盖了整个地球。或许是海水温度的变化导致气候变化而引起的。”

苏利：“天啊，这一片欣欣向荣的景象就要消失了，简直太让人难过了。”

雅玛、苏利和托特有好一段时间都默默地望着窗外，一言不发。

第五天　连接中生代系统

雅玛和苏利

拯救三角龙

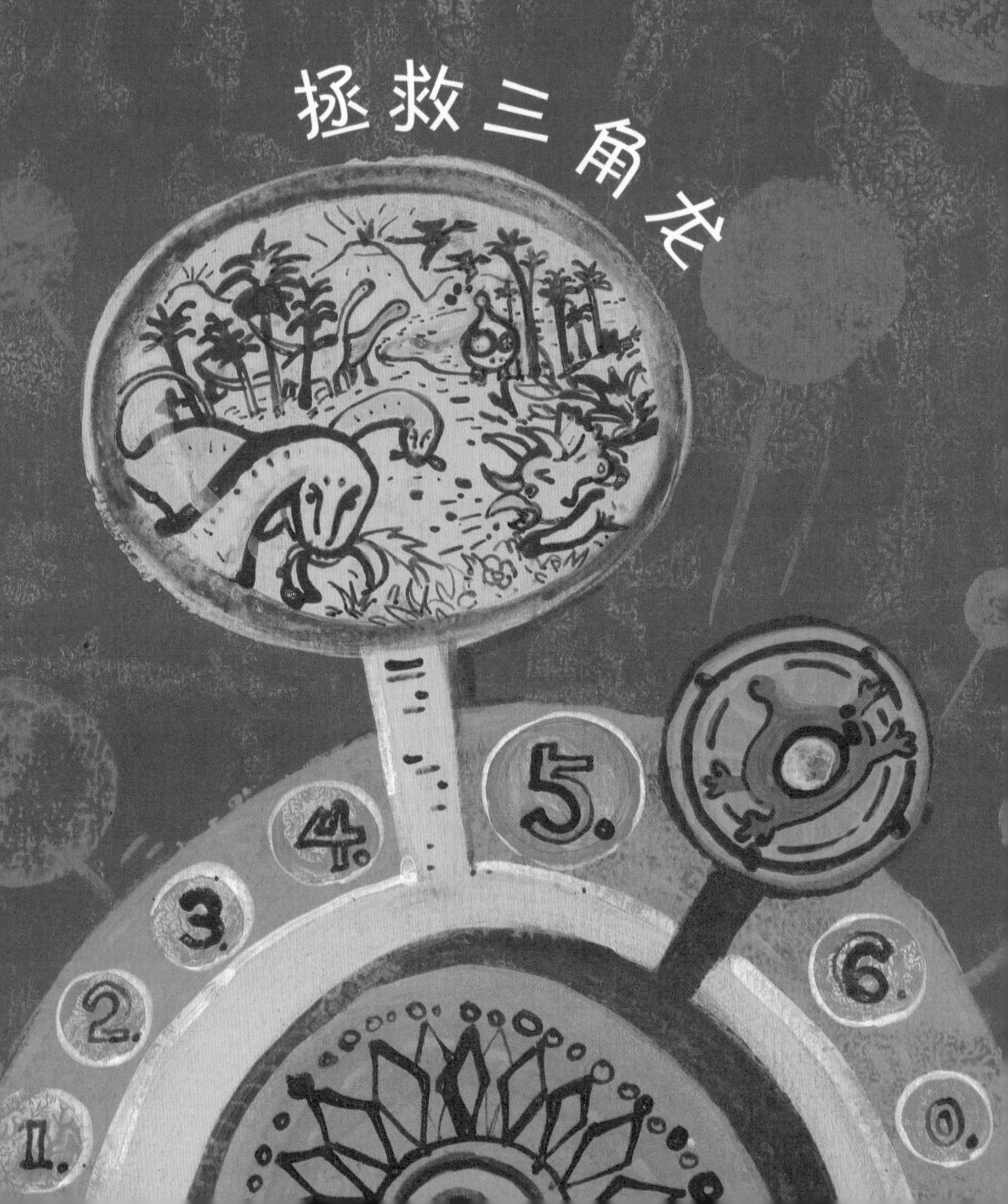

全新的诞生
2.5亿年前

阳光透过玻璃窗洒在饭桌上。

“妈妈，我好像变老了。”苏利调皮地望着对面的妈妈。

妈妈：“你这小家伙，敢在妈妈面前说老！”

苏利：“这才用了几天时间，就旅行了数十亿年，您说我能不老吗！”

妈妈：“哈哈，是啊，你说得没错！你昨天看起来真的很疲惫。关于旅行发生的事情，你竟然什么都没有跟我说就睡觉去了。我可有点儿伤心了！”

苏利：“呀，对不起，对不起！古生代怎么发生了那么多事呢？对了，妈妈您真是好伟大啊，真没想到您在那么短的时间内就完成了可以和动物对话的程序，真的好激动啊。不过，和动物们分开的时候，感觉很伤心，好像还有好多话没有说完，真想和它们多聊聊。不管怎么说，反正妈妈的目的已经达到了。”

妈妈：“这话是什么意思？”

苏利：“妈妈，您不是希望我能够爱惜动植物的吗？”

妈妈：“哈哈，被你发现了！”

苏利：“在古生代时期，几乎所有的生物都出现了。还有什么没出现呢？啊，对了，似乎还没有鸟类。”

妈妈：“绝大多数鸟类和哺乳类会在中生代出现。妈妈最喜欢的开花植物也在中生代第一次登场。对了，你最喜欢的恐龙也会在中生代出现，看来今天你又会有一个大的收获了，祝你玩得开心，一路顺风哟！”

苏利走向虚拟世界连接设备，笑着对妈妈说：“妈妈怎么像是在送出远门的人啊，呵呵，不过我的心情也和妈妈一样。”

苏利：“你好，雅玛！你好，托特！”

先到达的雅玛，可能是觉得无聊，她把托特叫了出来，一起等着苏利。

托特：“在去中生代之前，我们先要去另一个地方看看。”

没过多久，时间移动控制盘的时针就指向了2.5亿年前。

雅玛和苏利看着窗外。广阔的田野上，零星分布着点点绿色，各种各样的飞虫在空中飞来飞去。熬过艰苦时期幸存下来的动物们，好像在低声诉说着对生命新的希望，隔着窗户还能看见一些爬行动物慢慢悠悠地在地上爬行。

托特：“现在，海百合、菊石、贝、珊瑚、海草正在海底茁壮生长着，不久，鱼也会增多。那些草丛中有许多虫子在蠕动着，新的生命时代即将开始。告别了古生代，我们该向中生代出发了。”

最初的恐龙
2.25亿年前至2.1亿年前

托特：“中生代分为三叠纪、侏罗纪、白垩纪三个时期。我们先去三叠纪看看吧。”

苏利：“托特，我想快点儿见到恐龙。”

看到苏利着急的样子托特哈哈笑了起来。时间移动控制盘的时针指向了2.25亿年前。时间穿梭机一停，苏利和雅玛便走了出来。眼前，巨大的蜥蜴正直立着两腿向他们走来。

苏利：“雅玛，那只蜥蜴看起来足有1米高，而且还能直立行走，真是太神奇了！”

始盗龙：“呀，真伤心，竟然叫我蜥蜴？我哪里像蜥蜴了？”

苏利：“什么？你不是蜥蜴吗？实在很抱歉，我觉得你只是比蜥蜴大了点儿。

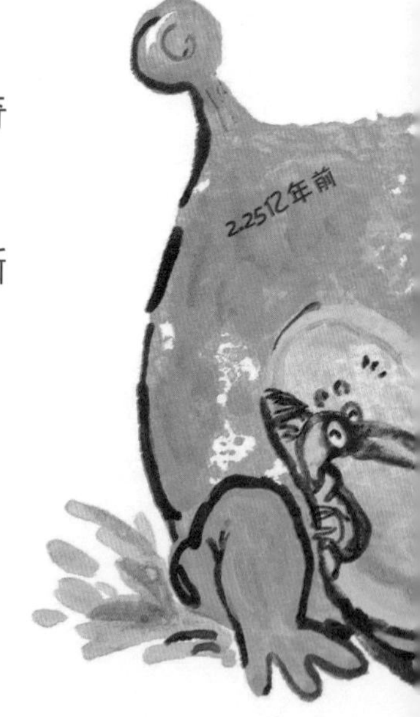

这几天，我见到了很多体形庞大的朋友，所以以为你也是大型的蜥蜴。那你是谁呢？”

始盗龙：“我是最初的恐龙——始盗龙。”

苏利：“有没有搞错，你是恐龙？我所知道的恐龙都很庞大，可是你比我还小啊？”

始盗龙：“当然了，我的后代有很多比我块头大的家伙。不过也不全是，去那边看看吧，你们会看到更大的恐龙。”

始盗龙伸出了手，要和他们握手。不看不知道，一看吓一跳，始盗龙一共有5根手指，其中3根手指有着非常可怕的钩状指甲。苏利好不容易鼓起勇气握了握始盗龙的手。刚握完手，始盗龙就飞快地跑掉了。

刚才始盗龙所指的方向有一片苏铁丛，苏利和雅玛走

进了茂盛的丛林。高大的苏铁耸入云霄。苏利和雅玛慢慢地走在黑乎乎的丛林里，突然间，眼前一亮，咔嚓一声，闪电袭来。其中一束光打到了干燥的苏铁树枝上。

雅玛：“苏利，快看那儿！”

被闪电劈倒的苏铁树枝上，正冒着橙黄色的火花。火花迅速地把整个苏铁点燃了，苏铁瞬间化为灰烬，星星之火可以燎原，地面上的落叶和周围的树木也被烧着了，大火迅速蔓延到四周，到处都是“滋滋”的声音。浓烟呛得

雅玛和苏利喘不过气来，好不容易缓过神来，赶紧大声叫出了托特。

苏利、雅玛："托特，托特！"

托特马上出现了，他们又叫来了时间穿梭机，苏利和雅玛一边咳嗽一边登上了时间穿梭机。

苏利："我都快被吓死了！"

托特："虚拟的世界一向都是安全的，刚才你们是不是吓坏了？为什么不早点儿叫我呢？"

雅玛："大火蔓延得太快了，根本来不及喊你。"

雅玛和苏利跑到了窗边。窗外的大火借着风的力量烧得更猛了，小动物们开始到处乱窜着躲避火焰。没过多久，身长足有3米、动作矫健的恐龙出现了。不过仔细一看，那只恐龙不只是单纯地在逃跑，而是一边躲避着火焰，一边追逐着逃生的小动物，看来这只恐龙真的好贪心，逃命的时候都不忘记捕食。

托特："那叫腔骨龙，是非常矫健的食肉恐龙。也许它正感激这场大火给它带来了捕猎的机会呢。"

托特的话还没说完，腔骨龙就张开了长长的大嘴，叼起一只猎物跑掉了。托特把时间穿梭机移到了燃着熊熊烈火的丛林外。

雅玛："托特，那只被腔骨龙叼走的动物，我不太确定是什么，不过它的身上好像长满了毛。"

托特："对，那是三叉棕榈龙，它的皮肤被绒毛所覆盖。"

雅玛："如果身上有毛的话，不就是哺乳动物吗？它是哺乳动物吗？"

托特："那倒不是，只是和哺乳类很相似的爬虫类。二叠纪末的大灭绝时期，有许多类似哺乳类的爬虫类都消失了，不过也有几种幸存了下来，而这些幸存下来的动物在三叠纪时期，变得越来越像哺乳类。你们所看到的三叉棕榈龙就是这种情况，它的身上已经长出了毛。身上长毛就意味着体温基本稳定。"

雅玛："体温稳定的话，那就和我一样了，身体每天都暖暖的，对吧？"

托特："没错！这些体温不随外界环境温度的改变而改变

的动物，叫作恒温动物。哺乳类和鸟类就属于这类动物。不过爬虫类是体温随着外界环境温度的改变而改变的变温动物。当然了，也有例外，像三叉棕榈龙。”

聊着聊着，时间穿梭机已经到达了2.1亿年前。雅玛和苏利走出了穿梭机，向草丛走去。夕阳西下，天开始渐渐地暗下来。苏利和雅玛小心翼翼地拨开草向前走着，四周都是草虫的叫声。

大带齿兽：“孩子们，这里，这里！”

不知从哪里传来的叫声，雅玛和苏利环视了一下四周，但是什么也看不到。一棵树的底部有一个白乎乎的东西映入眼帘，苏利以为那是虫子，因为它看起来太小了。

苏利：“你是谁呀？”

大带齿兽：“我是大带齿兽，是最初的哺乳类。”

苏利和雅玛蹲了下来。有一只像老鼠一样的生物，在黑暗中闪烁着明亮的眼睛，看起来是那么水灵，那么聪明。雅玛一伸出手，大带齿兽马上就跳到了雅玛的手心里。一阵暖流从雅玛的手心悄悄流过。

苏利：“呵呵，真好玩，最初的哺乳类居然这么小！”

大带齿兽似乎明白苏利的心思，对他说：“我太小了，让你失望了吧？爬虫类太厉害了，所以在哺乳类里，只有像我这样矮小的生物才能幸存下来，你可不要小看我。”

苏利：“既然你是哺乳类，那你应该能生小幼仔吧。”

大带齿兽：“很遗憾地告诉你，你想错了！我生的是蛋，虽然不是胎生，但是我的孩子是喝我的奶长大的，也就是‘哺乳’。”

雅玛和苏利结束了和大带齿兽愉快的交谈后，回到了时间穿梭机。不知怎么的，大带齿兽那黑亮的眼睛给两个孩子留下了深刻的印象。

侏罗纪，魅惑的时代
1.5亿年前

时间穿梭机到达了1.5亿年前，雅玛和苏利一直盯着窗外，期待着温馨而又美丽的恐龙乐园。

苏利："那里怎么了？"

整个大地好像刚刚被超强的台风席卷过一样，好多树都已经卧倒在地，只有孤零零的几棵树还独自挺立着，树梢上耷拉着几片树叶，一片萧条的景象。托特看着目瞪口呆、哑口无言的孩子们，笑着说："来，孩子们，我们去那边看看到底发生了什么事吧。"

刚刚迈出一只脚，就从地底下传来了"轰隆隆"的声音。他们瞥了一眼窗外，有一些庞然大物正排着整齐的队伍向前移动着。原来是恐龙正在集体前进。

"是迷惑龙！"苏利大叫道。

托特："看来我们的苏利对恐龙真的是很了解啊，它们是食草恐龙。"

迷惑龙群正沿着树木茂盛的江边移动着，在它们所经过的大地上，再也找不到绿色的痕迹了。雅玛有点担心了。

雅玛：“托特，再这样下去，草和树很快就会消失的。”

托特：“不用担心，恐龙群不会就这么一走了之的，它们会留下粪便，这些粪便都是上好的肥料。而负责清理这些粪便的就是一些小昆虫和细菌，它们会迅速分解恐龙群留下的粪便，这样一来土地又变得肥沃了，新的生命很快就会在这里安家落户。”

时间穿梭机再一次移动，这次他们来到了一个湖边。窗外，异特龙和剑龙正在进行着激烈的搏斗。托特解释说：“异特龙饿了就会找剑龙的麻烦，它们就是这么打起来的。”

苏利：“异特龙能打败剑龙吗？”

托特：“这可不好说，看看剑龙尾巴上那尖锐的刺吧。只要那根刺扎进头部，再厉害的异特龙也会百分之百没命的。当然，如果异特龙是个捕猎老手的话，那剑龙就危险了。”

战斗的结果是平局。剑龙背上大大的骨质板，让异特龙的几次攻击都失败了。后来异特龙可能觉得累了，便放

弃了攻击，跑掉了。

苏利：“真没劲。哎，不过没有分出输赢反倒是件好事。虽然这些都是自然规律，但是看到动物死亡，我还是觉得很难过。”

这时，从湖对面的丛林里传来了一阵声音，好像有什么东西在扑腾。苏利和雅玛向丛林走去。走在丛林里，雅

玛突然觉得恐龙博士苏利真的很值得信赖。这时，“啪”的一声，突然从树上掉下了一个东西，刚开始他们还以为是山鸡，再仔细一看，它的身体要比山鸡小多了，甚至比鸽子的身体还要小。

苏利：“是始祖鸟！鸟类的祖先。”

雅玛：“我叫雅玛，他叫苏利。你在这儿做什么呢？”

始祖鸟：“呵呵，刚才吃了好多爬虫类的蛋和虫子，肚子太撑了，现在练习一下飞行，帮助消化。”

苏利：“你不是有翅膀吗，为什么飞不起来呢？”

始祖鸟：“我可以用力挥动着翅膀从一棵树上跳到另一棵树上，不过，不能持续飞行。没关系，我相信只要我一直坚持这样练习下去，总有一天会飞起来的。”

始祖鸟用长在翅膀折叠处的爪子抓着树皮蹿到了树顶上，它好像又要开始练习了。苏利和雅玛强忍住笑，和始祖鸟挥手告别。

苏利、雅玛：“始祖鸟，再见，好好练习！”

回到时间穿梭机后，雅玛对托特说：“我们见到始祖鸟了。虽然事先就知道它的喙上面长有牙齿，翅膀上有爪子，不过亲眼看到后，还是觉得很神奇。”

托特："嗯，现在鸟类也出现了，这样一来，巨大的动物都登场了。当然，现在主宰着侏罗纪时代的依然是爬虫类。体形庞大的恐龙、天空之子——翼龙、称霸海洋的鱼龙和长颈龙都是爬虫类，这种状况会一直持续到白垩纪。"

雅玛："鱼龙和长颈龙是什么？"

托特："它们是海底爬虫类，离开水的爬虫类又重新回到水里，是不是很有意思啊？长相像海豚的鱼龙出现在三叠纪时代，脖子很长的长颈龙则出现在侏罗纪时代。"

芳香的白垩纪
7 500万年前

托特："孩子们，咱们去白垩纪看看吧。"

托特再一次拨动了时间控制盘。苏利问雅玛："你听说过白垩纪时期曾是恐龙乐园这一说法吗？"

雅玛："没有，第一次听说。"

苏利："在已经发现的很多恐龙化石中，其中脚印化石居多，骨化石也出现过。大部分是白垩纪的恐龙化石，翼龙的化石也曾被发现过。想象一下1亿年前，在茂密的蕨类植物间，有很多体积庞大的恐龙'咣咣'地走来走去，翼龙则从上面飞过，哎呀，想起来就心潮澎湃。"

苏利停顿了一下，好像突然想起了什么似的，微笑地望着雅玛说道："雅玛，找个时间我们一起去看看恐龙的脚印化石吧。不是在虚拟的世界里，而是在真真切切的现实世界里。"

雅玛："好哇！"

时间移动控制盘的时针指着7 500万年前。托特说道："在白垩纪，恐龙数量和种类都有所增加，不仅是恐龙，其他动物也一样，鸟的种类也变多了，而且还出现了真正会飞的鸟。爬虫类当中出现了蛇，哺乳类当中出现了能把幼仔装在育儿袋中抚养的有袋类动物。昆虫的种类在这个时期也变得丰富了。"

解释完这些，托特突然兴奋起来："孩子们，我们去见翼龙怎么样？"

苏利："可以坐着时间穿梭机飞起来吗？"

托特："这么快就忘了吗？时间穿梭机可以变成宇宙飞船，也可以变成潜水艇，那飞艇还是个问题吗？"

时间穿梭机瞬间飞了起来。不一会儿，蔚蓝的大海映入了苏利和雅玛视野，波浪起伏的海面上有个褐色的物体在不安地摇晃着。时间穿梭机马上朝这个褐色物体飞了过去，原来是一只翼龙孤独地徘徊在海面上。看到这一幕，雅玛说道："翼龙真大呀！不过托特，这只翼龙是不是有点不舒服啊？身子总是在摇晃着。"

托特："是因为受到了攻击，它的一只翅膀受了伤。

虽然伤口愈合了，不过骨头稍稍变弯了一些。那只翼龙是无齿翼龙，算是非常巨大的翼龙。”

苏利：“快看那儿！它抓到鱼了。”

托特：“那只无齿翼龙竟奇迹般地活了下来。大型翼龙一般不会扑打着翅膀飞行，而是把翅膀打开，顺着气流飞翔。所以大部分翅膀受伤的无齿翼龙都会死亡。好在那

只无齿翼龙的伤口不大，而且身体原本就很强壮，所以才逃过了一劫。”

雅玛：“嗯，它一定很辛苦。它头上的冠好漂亮啊。”

托特：“那个冠可不仅仅是为了漂亮，在空中飞行的时候，它可以起到保持平衡的作用，而且也是翼龙求爱的一个工具，所以才会长得那么漂亮。”

托特的话音刚落，无齿翼龙的冠在阳光的照耀下，变成了彩虹的颜色。

时间穿梭机重新飞向了陆地。

向外望去的雅玛和苏利吓了一跳，自从开始长途旅行后，他们还是第一次看到这样的风景，整个大地到处繁花似锦，美丽极了。

苏利：“哇，真漂亮！”

雅玛和苏利从时间穿梭机里走了出来，他们被这醉人、浓郁的花香深深地陶醉了。苏利的眼神随着轻轻飘落的花瓣移动着，突然，定格在了一个点上。

苏利："雅玛，快看那儿！是三角龙。"

雅玛和苏利马上靠近了那只三角龙。但是它看起来有点不对劲儿，它静静地躺着，呼吸急促，鼻子里不断地流出鼻涕。

苏利："三角龙，快点儿睁开眼睛！"

三角龙好不容易才睁开了眼睛，眼睛里充满了血丝，突然传来了一阵急促的雷鸣声，原来是三角龙打了个喷嚏。

它蜷缩在地上蹭了蹭鼻子和嘴巴，好像是为了减轻痛苦。

苏利和雅玛焦急地看了三角龙好长时间，最后回到了时间穿梭机里。

苏利："托特，三角龙病了，我们应该给它点儿药。"

托特："是花粉过敏，没有办法的。"

"不是的，办法总比困难多，如果是我爸爸，他一定会找出解决办法的。"苏利自言自语着。

托特："那就去见一见你爸爸吧。"

托特好像早就预料到苏利会这么说，马上指了指一面墙壁，苏利和雅玛惊讶得目瞪口呆。墙面上出现了立体画面，身在非洲的爸爸出现了。

苏利："爸爸！这是怎么回事？"

爸爸："听说你妈妈研制了一种在外部可以连接虚拟世界的装备。她刚刚打来电话，让我试试看。据说远程连接的话，可以通过画面对话。"

雅玛："哇，好神奇啊！"

苏利："爸爸，你来得正好，三角龙生病了，据说是花粉过敏。它好像很痛苦的样子，托特说没别的办法，爸爸，你快告诉我们治疗方法吧。"

爸爸："我虽然治疗过很多动物，但是从来没有给恐龙治过病。不过，我毕竟治疗过爬虫类，让我想想看有什

么方法吧。到时候，我会告诉托特，你们耐心等着吧。祝你接下来的旅行一路顺风，雅玛，你也是。”

苏利跟爸爸告别，望了望托特。

苏利：“托特，刚才有点混乱，没来得及问你，花粉过敏是怎么产生的呢？”

托特：“白垩纪时期，地球上出现了很多美丽的种子植物，这对食草恐龙来说当然是好事。不过同时也出现了一个问题。种子植物一般都是开花植物，而花朵的花粉里面有一种成分容易引起过敏。这种成分是花卉类为免遭食草动物的伤害而产生的。”

苏利：“美丽而又芳香的花朵里面竟然有毒！那么，岂不是所有的食草恐龙都生病了。”

托特：“不是所有的食草恐龙都会生病，这就和人一样，有的人会对花粉过敏，有的人则不

会，恐龙也是如此，一部分恐龙能适应，而有一些食草恐龙接触到花粉时，就会产生过敏反应。不过，随着时间的推移，恐龙渐渐适应了开花的植物。”

雅玛看到托特的手里握着一个药瓶。

雅玛：“托特，你拿的是药吗？这么快就送到了啊！”

雅玛和苏利接过药瓶，飞快地奔出了时间穿梭机。

苏利：“三角龙，快把这个药吃了吧。”

三角龙再次打了一个雷鸣般的喷嚏，然后把药喝了下去。慢慢地，三角龙的体色变得鲜亮，鼻涕也止住了。三角龙抬起了头，慢慢地站了起来，然后用微弱的声音说道：“现在总算活过来了，苏利，雅玛，真的非常谢谢你们。”

两个孩子听了这话总算放心了。

他们的中生代之旅就这样拉下了帷幕。

第六天　连接新生代系统

雅玛和苏利遇见最初的人类——南方古猿

崭新的蓝天，崭新的大地
6 500万年前

去往“新生命的时代”的当天，苏利很早就睁开了眼睛。突然，苏利的脑海里闪过要揭开恐龙灭绝之谜的念头。妈妈看到苏利刚从被窝里爬出来就开始翻看资料，高兴地说：“苏利变了好多啊，竟然这么早起来做调查。是时间旅行让苏利改变了，还是苏利原本就很好学呢？”

苏利：“我本来就是这样的。不过妈妈，我了解到了很有趣的事，关于中生代大灭绝的原因，科学家们有很多不同的推测。”

妈妈：“是吗？”

苏利：“关于恐龙灭绝的原因，存在很多种说法。许多科学家认为恐龙灭

绝的原因是小行星撞上了地球，也有认为火山爆发才是真正的原因，还有的科学家认为是花卉的毒性引起恐龙灭绝的，此外还有的科学家认为是全球气温突然下降导致了恐龙灭绝，甚至有一些科学家认为是恐龙驾驭不了自己庞大的身躯而自己灭绝的。”

妈妈：“这些说法都是有可能的。不过苏利，在墨西哥有一个很大的陨石坑，那就是小行星撞击地球时产生的，据说是中生代末形成的，所以……”

苏利：“您是说恐龙灭绝的真正原因就是小行星撞击地球，对吗？其实，我也这么想。在电影里看到小行星撞

击地球的场面，简直是太恐怖了。”

妈妈：“巨大的小行星撞击地球，会产生巨大的能量，导致丛林起火，海面上恐怖的暴风形成巨大的海浪，尘土和乌云笼罩着天空，草木干枯。食草动物，还有以食草动物为生的食肉动物都难以生存，所以大部分生物只能灭绝了。”

妈妈紧紧拥抱了一下苏利说：“今天是不是要去新生代旅行啊？祝你一路顺风哟。”

在虚拟世界里，雅玛把托特叫了出来，一起等着苏利。

雅玛：“苏利，你好！昨天是不是很难过啊？和你最爱的恐龙离别，一定很不舍吧。”

苏利：“不过，还是要谢谢虚拟世界程序，要是没有它，我不会见到恐龙的，所以我已经很满足了。可仅仅见了一面，我还是觉得不过瘾，哎，没有恐龙的世界真让人难过。”

托特在一旁听着，安慰他说：“别沮丧嘛，其实恐龙的灭绝也并不完全是件很遗憾的事情。”

苏利：“什么意思？”

托特：“还记得大带齿兽吗？”

苏利：“当然，最初的哺乳类！”

托特：“想想看，如果现在仍然是爬虫类的世界，恐龙到处乱跑，而哺乳类只能像大带齿兽一样有着弱小的身躯，它可能白天都不敢随意走动。”

苏利：“对，大带齿兽说过，它们非常害怕体形庞大的恐龙。要是那样的话，现在所有的哺乳类都只能躲在洞穴里生活了，而且只能在夜里偷偷地出来走动。”

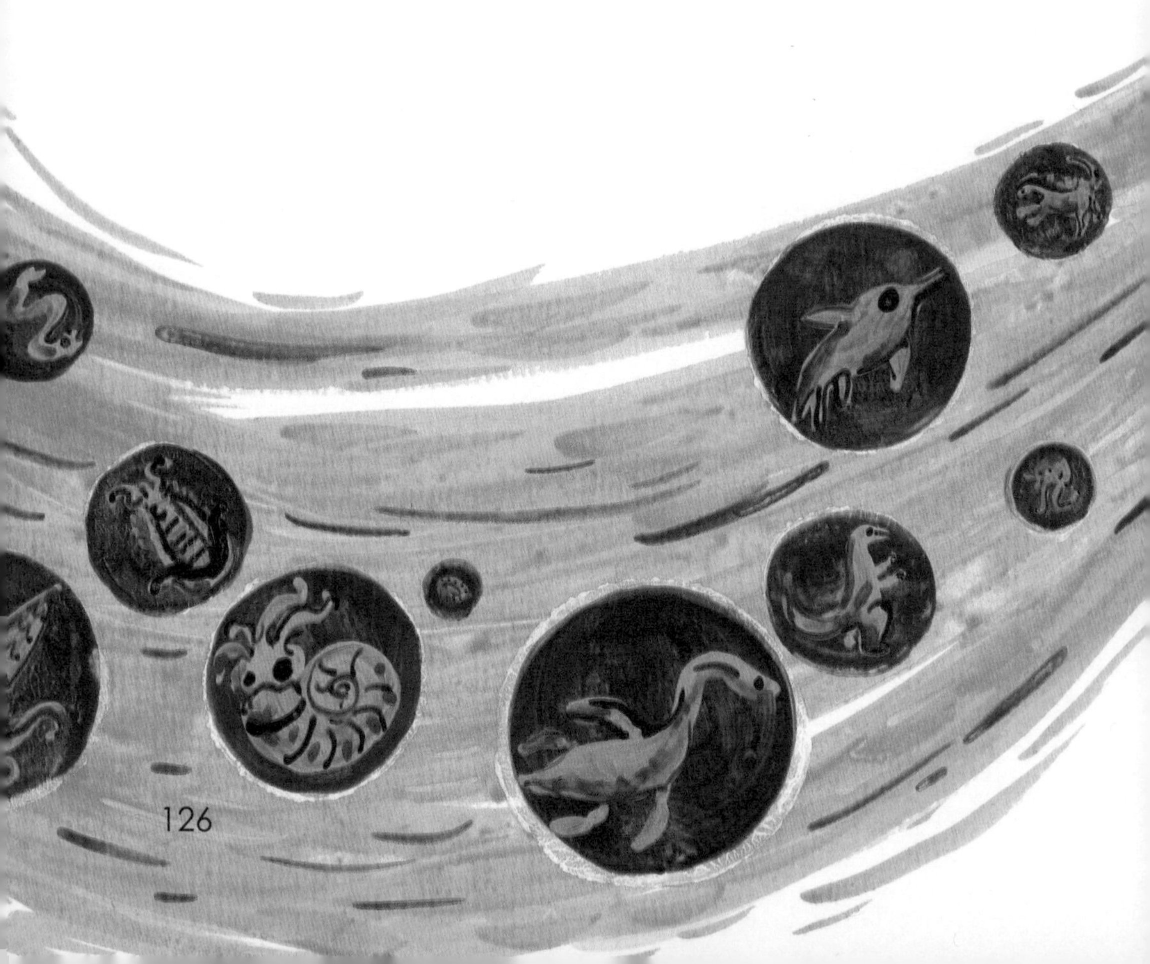

托特：“在白垩纪时代，60%的生物灭种了。翼龙、鱼龙、长颈龙从此从地球上消失了。这一切来得特别突然。不过，很快，许多其他种类的动物便开始填补了那些空缺，这就是哺乳类动物和鸟类。生命的新时代到来了。”

恐怖的鸟
5 000万年前

时间穿梭机载着苏利和雅玛已经到达了5 000万年前的世界。苏利说道：“托特，有一点我不明白，不是说许多动物灭绝后，还有一部分幸存下来了吗？那为什么在新生代偏偏是哺乳类动物呢？两栖类和爬虫类等动物都去哪里了呢？”

托特：“在中生代，由于生活着体形庞大、危险的恐龙，哺乳类动物没有生存的条件。恐龙消失后，情况就大不相同了。”

苏利：“我没觉得哺乳类比其他动物更厉害啊，再说，在中生代存活下来的哺乳类不都是弱小的吗？”

托特：“呵呵，别看它们看起来弱小，但是它们的活动性很强。哺乳类是恒温动物，不管是冷还是热，都能很好地适应。而对那些像两栖类和爬虫类的变温动物来讲，如果外界环境的气温不合适，它们就不能随意活动。”

苏利："你的意思是说哺乳类能更好地适应气候变化，是吧？"

托特："哺乳类得以繁盛，还有其他的原因。最初，哺乳类也是卵生动物，也就是以下蛋的方式繁殖后代，不过后来，哺乳类渐渐进化成胎生动物，母兽生下幼仔，并把它哺育长大。"

苏利："卵生多简单啊，自己生下幼仔，还要亲自哺育，那岂不是更麻烦，这算什么优势啊？"

托特："当然，下蛋比生幼仔容易多了，但是存活率却不高，常常在没有孵化出之前就被天敌吃掉了。而哺乳类则不同，幼仔在出生之前可以在母兽的体内生长一段时间，到一定程度后，母兽便会将宝宝生下来，然后再进行哺乳抚养长大。这样一来，幼仔就很容易存活下来。胎生和哺乳，保证了后代较高的成活率，这对生活在新生代初期弱小的哺乳类来说，是非常重要的。”

苏利：“雅玛！我们去看哺乳类吧。”

雅玛：“我早就想出去了。”

外面的风景似乎没有什么太大的变化。白垩纪末大灭绝后，又过了1 500万年，这期间，地球又恢复成生机盎然的景象。花红草绿，果实累累，寻找花朵的昆虫嗡嗡地忙个不停。

雅玛：“苏利，快看看那边，那个动物长得很像黄鼠狼，还有那儿，那个小家伙长得像小松鼠呢。在那边吃水果的应该是马的祖先——始祖马吧。”

苏利：“始，什么？”

雅玛：“始祖马！”

苏利：“你怎么连名字都知道？”

雅玛：“和你了解恐龙是一个道理。我非常喜欢马。”

聊着聊着，他们突然发现有个东西从前面的一棵树上嗖地移动到了另一棵树上。

雅玛：“看来有鸟！”

雅玛和苏利飞快地赶到了那里。雅玛大叫起来：“不是鸟，是松鼠！哦，不对，是鼯鼠！”

苏利：“真是个跳远高手啊，竟然跳得那么远！”

托特：“那是因为它有翼膜，这种翼膜类似于鸟的翅膀，但并不是翅膀，而是由皮肤拉伸形成的，只要打开这个翼膜，它就可以飞一般地在树间跳来跳去。要想避开恐怖的捕食者，没有比这个更好的绝技了。”

苏利吓了一跳，问道：“你说的捕食者，是指恐龙吗？”

雅玛：“恐龙，哪有恐龙啊？”

苏利：“哎呀，我都忘了这里是新生代了。那么，恐怖的捕食者是谁啊？”

托特：“一般是鳄鱼和蛇，去沼泽喝水的时候要小心鳄鱼，在丛林里要小心蛇。不过对不飞鸟也要提高警惕，它可是个非常恐怖的家伙。”

突然间，周围骚动起来。

“是不飞鸟！”鼯鼠急促地喊了一声，马上消失在了树林里。

雅玛和苏利目瞪口呆地站在原地。“咣咣咣”的脚步声震动着大地，两个孩子向声音的发源地看了过去，吓得合不上嘴巴了。一只块头和马差不多大的鸟正在向他们靠近，大鸟走到了苏利和雅玛的面前，伸出了右腿，和他们

握手。

苏利：“你好！我叫苏利，她叫雅玛。你真的是鸟吗？”

不飞鸟：“正如你所看到的，我确实是鸟！”

苏利：“我想看看你在空中飞翔的样子，给我们展示一下，好吗？”

不飞鸟：“呃，那个……我不会飞。”

不飞鸟突然把头耷拉了下来，它的这个滑稽样子使雅玛和苏利忍不住想笑，恐惧感也瞬间消失了。雅玛反而安慰不飞鸟说：“是你的身体太庞大了，不过不用担心。丛林

里面，好多动物都很怕你呢。”

雅玛的话让不飞鸟重新找回了自信，和孩子们告别后，不飞鸟迅速消失在了丛林里。不飞鸟跑动的样子看起来更滑稽了。

苏利和雅玛刚一回到时间穿梭机，就把托特叫了出来。

苏利：“托特，托特，我们看到了不飞鸟。竟然有那么大的鸟！身体比鸵鸟还大，腿也很粗壮，根本不像鸟的腿，倒是更像马腿。”

托特：“在新生代初期，取代食肉恐龙位置的动物，不是爬虫类也不是哺乳类，而是不飞鸟、冠恐鸟这样巨大的鸟类，它们用尖锐的喙和坚固的钩状爪子捕猎哺乳类。”

雅玛：“连飞都不会飞的鸟竟然能成为动物之王，真是难以置信。”

托特：“不过，在不远的将来，哺乳类动物的力量会越来越强大的。我们去3 000万年前看看吧。”

渐新马

3 000万年前

窗外所能看见的3 000万年前的世界，是一片广阔的草原。真有一种“天苍苍，野茫茫，风吹草低见牛羊”的意境，想着想着，不知从哪里突然冒出了一群马，远远地奔驰而来。

雅玛：“呀，是马！苏利，我们快出去吧！”

雅玛真的非常喜欢马，一见到马就很兴奋，和苏利讲恐龙故事时的表情一模一样。望着靠近的马群，苏利说：“咦，那是什么马，怎么长成那样？比矮马（矮马指成年体高在106厘米以下的马）还要小。长得倒挺像马，不过个头只有大狗那么大。”

雅玛：“苏利，它们是渐新马，是矮马的祖先。马也会随着时间的推移而变得高大起来。”

渐新马：“你们好，孩子们！”

其中最魁梧的渐新马走了过来，伸出前蹄，试图和他们握手。不过雅玛的态度有点奇怪，她不打算握手，反而抓着渐新马的前蹄仔细观察起来。这时，苏利碰了碰雅玛。

苏利：“雅玛，你在干什么？渐新马该生气了。”

雅玛：“啊，对不起！渐新马，如果惹你生气了的话，我向你道歉。现代的马只有一个脚趾，我听说马的祖先有更多的脚趾，我一直很想看一看。”

渐新马：“没关系，你好好看吧。你这么了解我们，我高兴还来不及呢。”

雅玛：“哪里，这是我的荣幸。你们这是要去哪儿啊？”

渐新马：“听说那边有很多美食，所以我们正要去那儿觅食呢。”

雅玛：“吃这里的草不就可以了吗？”

渐新马：“我们的牙齿没有那么坚固，所以只能吃柔软的叶子或者果实。”

雅玛：“和马有很多的不同点啊，脚趾也似乎有三个。”

苏利望着雅玛和渐新马聊天的场景，会心地笑了，心想：我见到恐龙的时候也是那个样子吧。

托特已经在时间穿梭机里等着他们了。

时间穿梭机开始移动了。没多久，窗外又出现了新的景象。托特望着苏利和雅玛说道：“刚才你们见到渐新马的地方是北美洲，现在我们来到的地方是亚洲，在这里你们将见到史上最大的哺乳类。”

雅玛和苏利走出了时间穿梭机。呈现在眼前的是广阔的草原和一片片的桦树林，还有平缓的山坡。另一边，一只野猪正被一群猛兽紧追着。

苏利：“真的好大啊，那只野猪都有犀牛那么大了。还有那些猛兽，简直比狮子还要大。”

雅玛：“托特说的最大的哺乳类动物，不会是它们吧？”

就在这时，大地又开始震动起来。苏利和雅玛吓了一大跳，那声音很像恐龙的脚步声。过了一会儿，出现了一只脖子像长颈鹿一样长，身体像犀牛一样壮的动物。

苏利："个子太高了，想要仰望它，脖子都快折断了。"

巨犀："孩子们，你们好啊？"

苏利："最大的陆地哺乳类动物原来就是你呀。"

巨犀："对，海里最大的哺乳类动物是鲸鱼，陆地上

最大的哺乳类动物就是我——巨犀。”

雅玛：“那你都吃些什么呢？”

巨犀：“树叶。由于个子高、脖子长，树顶端的叶子我也可以轻而易举地够到。”

雅玛：“天啊，要想维持你这种健壮的体魄，需要吃多少树叶啊？呵呵，我们不打扰你了，你好好享受你的美味吧。”

托特再一次进行了空间移动，把两个孩子带到了非洲的埃及。那里没有沙漠和金字塔，相反，是葱郁的丛林在等待着他们。

雅玛：“苏利，真不敢相信，这么绿油油的地方后来竟然变成了沙漠。”

苏利：“我也是这么想的！不过为什么要带我们来这里呢？现在会出现什么动物呢？”

好像听到了苏利的话似的，一只小猫大小的动物顺着孩子们身旁的树慢慢靠过来，探出了脑袋。

苏利：“吓死我了！你是谁啊？”

埃及猿：“咦，胆子这么小！有什么好怕的？我叫埃及猿。”

雅玛：“长得好像猴子啊。”

埃及猿：“当然了，我属于灵长目动物。”

苏利：“灵长目动物？”

埃及猿：“是啊，万物灵长的那个灵长目动物！你们也是灵长目动物。人、类人猿，还有带尾巴的猴子被统称为灵长目动物。”

苏利：“原来是这样！嘿嘿，我又学到不少知识。”

苏利和雅玛回到了时间穿梭机里，他们把托特叫了出来。

“托特，托特！它看上去好聪明啊，不知为什么，还觉得它特别亲切。”

托特：“看它们的眼神，就能感觉它们很聪明。灵长

目动物在新生代初期出现，后来渐渐分成了许多种类。现在，在世界各地都分布着许多猩猩。”

雅玛：“那这许多种的一种就变成了我们现在的人类，是吧？就这样一代代地延续、进化下去！”

雅玛的话让苏利感受到了一股说不出来的神秘感。

人类的诞生
320万年前

托特：“孩子们，我们现在去320万年前看看怎么样？”

苏利：“去那儿见谁啊？”

托特：“呵呵，那就是你们期待的——最初的人类！”

苏利：“哇，人类终于要登场了！”

苏利和雅玛都激动不已。

托特：“你们刚刚在埃及，已经见到了3 000万年前的灵长目动物。2 000万年前，在离这儿不远的肯尼亚茂盛的丛林里，生活着一种叫作原康修尔猿的无尾猴子，它是人类和类人猿的共同祖先。现在我们就去看看吧！”

时间穿梭机到达了320万年前。托特让苏利和雅玛到外面去找名叫露西的人，他们满怀期待地走在路上。走了一会儿，来到了一个小湖边，湖边有三个身上长着茸毛的小朋友正坐在一起吃着果子。雅玛走过去问：“你们知道露西吗？”

其中一个孩子站了起来说：“我就是露西。”

雅玛和苏利发现露西长得很矮小，他们还以为是小孩子呢，当露西站起来时，他们才发现露西已经是一个健康的成年女子了。

苏利：“真对不起。”

露西笑着说：“没关系，误会也是正常的，毕竟我比你们矮小嘛。不过现在你们要记清楚了，我们南方古猿的身高只有这么高。”

雅玛：“你说你叫露西是吧？南方……什么？”

露西：“来，跟我读一遍，南——方——古——猿！”

苏利、雅玛：“南——方——古——猿！”

露西：“很好，南方古猿是没有尾巴的猴子。我们不久前在非洲开始生活。我们是最早的人类。”

雅玛：“那露西是什么意思？”

露西：“露西是我的名字。科学家们为了庆祝发现了我的化石，就播放了一首当时很流行的歌曲，歌的名字里有一个单词‘Lucy’，所以科学家们就将我命名为‘露西’了。”

露西：“据说，当初发现我的科学家知道我是用两腿直立行走的动物时，惊讶了好一阵子呢。那时候，还没有发现一块保存很完整的南方古猿化石。自从我被发现之后，科学家们在肯尼亚、埃塞俄比亚发现了更多的古人类化石。”

雅玛：“露西阿姨，我有个疑问，黑猩猩这样的类人猿和您有什么区别呢？”

露西：“我们和黑猩猩的共同祖先都曾在树上生活过。现在，你们用自己的手指相互碰一碰这只手的其他手指看看，是不是很容易就能碰到啊？接下来，你们再试试用一只脚的大脚趾去碰同一只脚的其他脚趾，能做到吗？”

雅玛和苏利的大脚趾开始忙活起来，想竭尽全力碰到其他脚趾。

雅玛、苏利：“做不到！”

露西：“做不到才是正常的，类人猿生活在树上，所以可以用双手和双脚抓住树枝。但是，人类已经进化去草原上生活了，所以双腿只用来行走。不过人类也同时拥有了一双更加灵巧、勤劳的手。人们用这双手来制造工具、采摘果实、准备食物，还可以发送信号等。”

苏利：“人的手真是无所不能啊。”

露西：“大猩猩和我们相比，骨盆和腿骨的结构有很大的不同。”

这时，远处传来了一种声音，是露西的家人在叫她回去。露西便匆忙地和孩子们告别。

苏利和雅玛回到了时间穿梭机里。

苏利：“托特，和我们长得一样的人类到底什么时候才能出现呢？”

托特：“在20万年前，出现了一种智人，这就是你们的同类。”

“智人？好像听说过，那快带我们去见见他们吧。”苏利的话又把托特逗乐了。

雅玛：“苏利，我们就是智人啊！”

苏利：“这么说，现在生活在地球上的所有人类都是智人喽？”

托特：“是的，不过在智人之前还有几种人类，那就是直立人和能人，他们是属于‘人属’的真正人类。”

托特：“快看这里，是傍人！”

苏利：“傍人又是什么呀？”

托特：“傍人生活的年代和能人差不多，可能是由南方古猿进化而来的，也就是说人和傍人是从南方古猿中分离出来的。”

苏利：“是同一个祖先啊。”

托特：“没错，不过由于南方古猿和傍人长得很像，所以也有人把傍人归类为粗壮型南方古猿，把南方古猿归类为纤细型南方古猿。”

雅玛：“原以为人类就只有一种，没想到这么复杂，种类如此繁多啊！”

托特：“以后还会有很多不同的人类化石被发现！”

创造的力量
3万年前

苏利和雅玛听说托特要带他们去3万年前，顿时喜出望外。关于人类的诞生和发展问题，苏利和雅玛听得一知半解。

托特："晚期智人（也称现代人）是一种非常聪明的人，他们依靠智慧成了出色的狩猎者。捕猎各种动物，也采摘各种水果。那么3万年前的人们是怎么生活的呢？我们去看看他们吧。"

时间穿梭机马上就到达了3万年前。雅玛和苏利看了看窗外。

苏利："3万年前的房子，果然是洞穴。"

托特让雅玛和苏利去洞穴看一看，他们小心翼翼地走了进去。刚进去，就听到像歌声一样的声音，他们顺着声音传来的方向走去，洞穴里亮了起来。

炉火在洞穴里燃烧着，借着炉火的光，可以很清楚地看到人们的脸。男人、女人，还有小孩，中间摆着的好像是刚刚捕获的动物，那是一头巨大的野牛。这时，人们开始唱歌了，或许是在庆祝丰盛的晚餐。苏利和雅玛为了不打扰他们，便静静地坐在一边观看。

“苏利，你看那儿！”雅玛悄声说着。

苏利朝雅玛指的方向看了过去，有个人好像正在洞穴壁上画着什么。

苏利：“嗯，看起来是在画画。”

雅玛：“嗯，没错。我们去那边看看吧。”

雅玛和苏利悄悄地靠了过去，画家沉醉在画里面，根本没有察觉到有两个孩子正在靠近他。苏利和雅玛悄悄地溜到火炉后面去观看壁画。

他们顿时惊呆了。从来没有一幅画可以给他们带来如此强烈的视觉冲击和内心的触动。画中有犀牛、鹿，还有熊和马。他们还看到了像蜜蜂一样的昆虫，在洞穴墙壁的角落里，还画着植物的果实、捕猎道具等。雅玛终于忍不住打破了沉默：“太美了！我平生第一次见到这么美的画卷！”

苏利："仅仅用红色、黑色、黄色、褐色，就可以画出如此美妙的画，简直太不可思议了！"

此时此刻，雅玛和苏利都被晚期智人的才能深深震撼了。晚期智人是多么优秀的艺术家呀！他们笔下的画作是那么美丽，他们的歌声是那么优美动听。

雅玛和苏利不想再打扰他们，两人悄悄地从洞穴中走出来，登上了时间穿梭机。

雅玛："托特，我一直以为洞穴里的原始人什么都不懂，不会思考，不会表达，不会感受生活的美。不过现在看来，我真的错了，他们是和我们一样的人，他们和我们一样会思考、会感受、会表达，一样有着喜怒哀乐的情绪。"

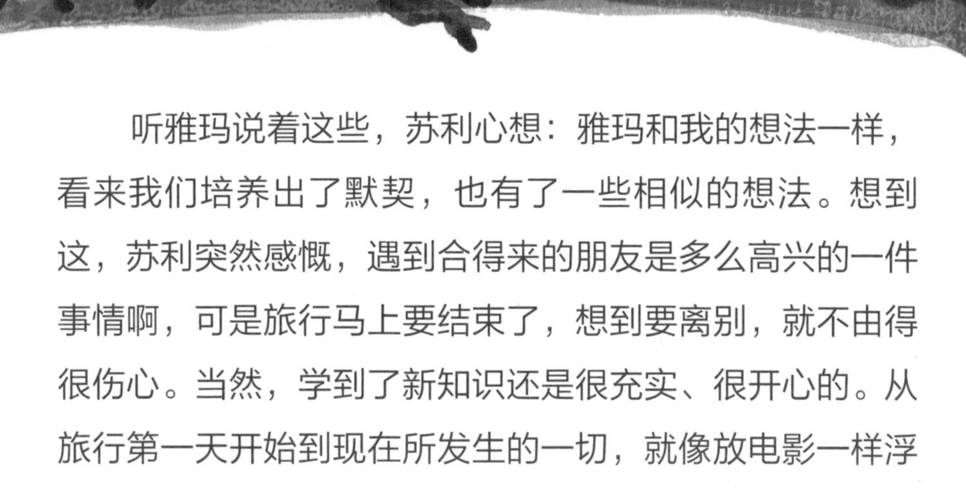

听雅玛说着这些，苏利心想：雅玛和我的想法一样，看来我们培养出了默契，也有了一些相似的想法。想到这，苏利突然感慨，遇到合得来的朋友是多么高兴的一件事情啊，可是旅行马上要结束了，想到要离别，就不由得很伤心。当然，学到了新知识还是很充实、很开心的。从旅行第一天开始到现在所发生的一切，就像放电影一样浮现在脑海里。

苏利：“真是个奇迹，地球在宇宙尘埃中诞生，历经沧海桑田，地球又诞生了所有的生物。从今往后，我一定会珍惜我身边所有的生命。”

雅玛：“托特，我们会想你的。”

苏利也不舍地说道：“是啊，会非常想念你的。”

雅玛和苏利看着时间移动控制盘的时针慢慢地回到0。两个孩子的心里多了一种莫名的情感。那是一种多么美好、炽热而又沉甸甸的情感啊！

图书在版编目（CIP）数据

生命探险队，转动时间圆盘 / （韩）尹素瑛著 ； 千太阳译. -- 长春 ： 吉林科学技术出版社，2020.1
（科学全知道系列）
ISBN 978-7-5578-5047-0

Ⅰ. ①生… Ⅱ. ①尹… ②千… Ⅲ. ①生命科学－青少年读物 Ⅳ. ①Q1-0

中国版本图书馆CIP数据核字（2018）第187459号

吉林省版权局著作合同登记号：
图字 07-2016-4710

生命探险队，转动时间圆盘 SHENGMING TANXIANDUI, ZHUANDONG SHIJIAN YUANPAN

著 [韩]尹素瑛
绘 [韩]金宣培
译 千太阳
出版人 李 梁
责任编辑 潘竞翔 汪雪君
封面设计 长春美印图文设计有限公司
制 版 长春美印图文设计有限公司
幅面尺寸 167 mm × 235 mm
字 数 119千字
印 张 9.5
印 数 1-6 000册
版 次 2020年1月第1版
印 次 2020年1月第1次印刷

出 版 吉林科学技术出版社
发 行 吉林科学技术出版社
地 址 长春市净月区福祉大路5788号出版大厦A座
邮 编 130118
发行部电话 / 传真 0431-81629529 81629530 81629531
81629532 81629533 81629534
储运部电话 0431-86059116
编辑部电话 0431-81629520
印 刷 长春新华印刷集团有限公司

书 号 ISBN 978-7-5578-5047-0
定 价 39.90元